歴史文化ライブラリー

500

首都改造

東京の再開発と都市政治

源川真希

吉川弘文館

目次

首都改造の歴史を描く——プロローグ

変わりゆく都心の姿から何を読みとるか

ながく東京に住んでいる者からしても、最近の都心の変わり方は実に驚くべきものがある。実際、東京において地上三〇階以上の建物がどのように増えてきたかを表1にまとめてみた。この数字をみると、バブル経済の時代には、この規模のビルは二三区で三〇ほどであり、西新宿の東京都庁（一九九一年〈平成三〉にこの地に移転）周辺が、一つの拠点となっていた。一九七一年開業の京王プラザホテル以来、続々と高層ビルが建てられたのである。表にもどってバブル崩壊後の推移を追ってみると、二一世紀に入ってから都心三区（千代田、中央、港区）のすさまじい伸びがわかるであろう。そして品川区、江東区などもつぎつぎと高層ビ

表１　東京都心における地上30階以上のビルの推移

年	都心３区（千代田・中央・港区）	23区計	東京都計	備　　考
1972	2	3	3	新宿区１
1975	3	8	8	新宿区４，渋谷区１
1980	5	14	14	新宿区７，渋谷区１，豊島区１
1985	8	20	20	新宿区９，渋谷区１，豊島区２
1990	12	32	32	新宿区13，渋谷区１，豊島区２など
1995	26	62	62	新宿区20，渋谷区２，目黒区２，豊島区２など（豊島区１とあるが誤記と思われる．訂正の場合，23区・東京都計63）
2000	34	86	88	新宿区23，渋谷区５，目黒区２，豊島区３，江東区５，品川区１など（豊島区２とあるが誤記と思われる．訂正の場合，23区87・東京都計89）
2005	91	169	173	新宿区27，渋谷区７，目黒区２，豊島区３，品川区５，江東区14など
2010	134	260	267	新宿区34，渋谷区７，目黒区４，豊島区９，品川区10，江東区29など
2015	160	318	326	新宿区40，渋谷区９，目黒区５，豊島区12，品川区13，江東区37など
2017	163	325	335	新宿区42，渋谷区８，目黒区５，豊島区12，品川区15，江東区38など（渋谷区の数字の減少理由は不明）

注⑴　表記の年の12月末日現在の数字．

⑵　各区において該当する建物の数は，区内を管轄する消防署ごとの数字を合計した．

例　千代田区：麹町・神田・丸の内，中央区：京橋・臨港・日本橋，港区：赤坂・麻布・芝・高輪，新宿区：四谷・牛込・新宿，豊島区：池袋・豊島

⑶　備考欄は都心３区以外の23区内で，山手線沿線を中心に急激な増加を示した区について表示してある．

出典　当該年の『東京都消防庁統計書』より作成．

誤記と思われる場合も数字は表記のままとし，備考欄に訂正などを記入した．

ルが建っていく。

今年、すなわち二〇二〇年（令和二）に予定されている東京オリンピック・パラリンピックに向けて、都心は大きく変わり、これからも大型のプロジェクトが実施されるに違いない（図1）。ここ数年続くことになる渋谷駅付近の再開発は、この街の景観を大きく変えるだろうし、山手線の新駅（高輪ゲートウェイ）の建設も象徴的だ。また東京駅周辺の変貌は目をみはるものがある。丸の内では日本で最初の近代的なビル街の様相を残しながらも、丸ビルをはじめとした建物の高層化が進んできた。また大手町にかけては、オフィスビルがつぎつぎと建て替えられている。

このあたりは二〇〇二年に都市再生緊急整備地域の一つとなり、あわせて都市再生特別地区などの指定も受けている。それによって建築基準法で定められた容積率（敷地面積に対して延べ床面積が占める割合）が緩和され高層化が進んでいる。また特例容積率の適用により、ビルなどの建築物の間で容積率の移転を行うこともできる。それが丸の内や大手町の景観を変えているのである。また大手町二丁目、八重洲一丁目の駅に近い側に位置する常盤橋（ときわばし）地区再開発では、今後、四〇〇メートル近い超高層を中心とした巨大プロジェクトが展開する予定である（図2）。東京駅と外堀通りに隔てられて向かい合っている八重洲一丁目

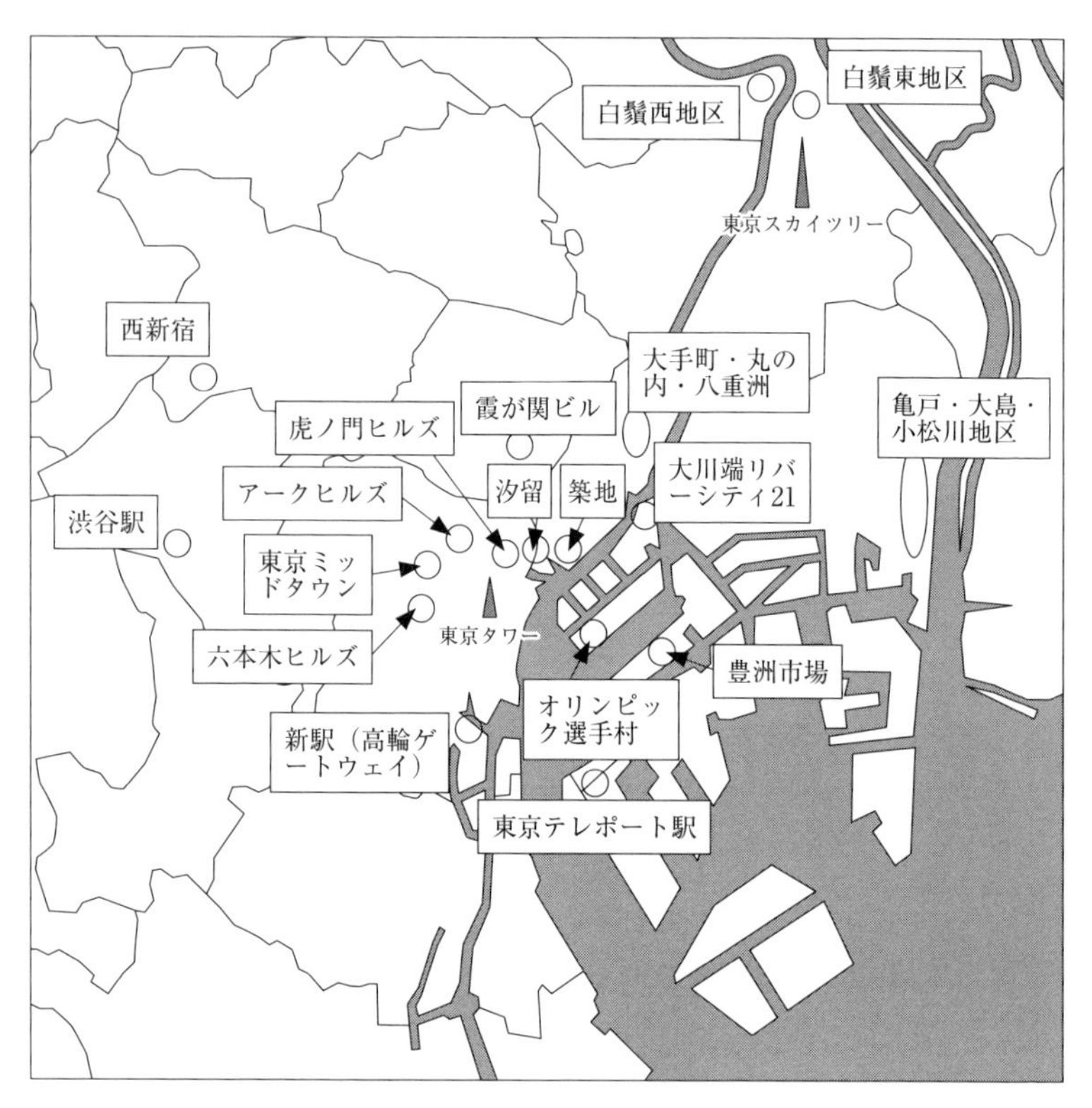

図1　本書に登場するおもな場所

の、古くからの飲食店の並ぶ地区も、これから数年の間に再開発によって新しく生まれ変わるという。

図２　大手町２丁目常盤橋地区市街地再開発事業
（2019年撮影）　ここには2027年までに390mの高層ビルが建てられる予定.

もう一つの関心――都市政治のあり方

他方で、筆者が関心をもっているのは、同じく過去三〇年ほどの首都東京をはじめとした都市の政治の動向である。東京では都知事選挙という、国内で最大の有権者を動員する自治体選挙が行われている。自治官僚出身で一九七九年（昭和五四）から四期にわたり都政の運営を担った鈴木俊一のあと、いやその前の美濃部亮吉の頃からかも知れないが、選挙によって有権者の投票行動に大きな変動が生まれるし、就任した知事のキャラクターが行政のあり方を変えるのである。

　そこにあらわれるのは、政治の構造のようなものだが、筆者は再開発による東京の変貌と、知事選挙や彼らの行政運営など総体としての政治の動きが、何らかの関係にあるのではないかと思っている。もちろん都市再開発と政治の間に直接的な因果関係がみいだされるわけではない。とはいえ、その関係を追究するための補助線のようなものを探すことで、どうしても考えなくてはならないいくつかの問題群を示すことができるのではないか。すぐに答えが出る問題ではないが、それを模索したいのである。読者の皆さんは、いったいどこに連れて行かれるのか、とお思いになるかもしれないが、おつきあいを願えれば幸い

当該期の首相
片山哲・芦田均・吉田茂・鳩山一郎・石橋湛山・岸信介
岸信介・池田勇人・佐藤栄作
佐藤栄作・田中角栄・三木武夫・福田赳夫・大平正芳
大平正芳・鈴木善幸・中曽根康弘・竹下登・宇野宗佑・海部俊樹・宮澤喜一・細川護熙・羽田孜・村山富市・橋本龍太郎
橋本龍太郎・小渕恵三・森喜朗
森喜朗・小泉純一郎・安倍晋三・福田康夫・麻生太郎・鳩山由紀夫・菅直人・野田佳彦
野田佳彦・安倍晋三
安倍晋三
安倍晋三

表２　歴代東京都知事一覧

代	氏　名	在職期間
1	安井誠一郎（やすいせいいちろう）	１期　1947年（昭和22）５月３日～1951年５月２日
2		２期　1951年（昭和26）５月３日～1955年４月26日
3		３期　1955年（昭和30）４月27日～1959年４月18日
4	東　龍太郎（あずまりょうたろう）	１期　1959年（昭和34）４月27日～1963年４月22日
5		２期　1963年（昭和38）４月23日～1967年４月22日
6	美濃部亮吉（みのべりょうきち）	１期　1967年（昭和42）４月23日～1971年４月22日
7		２期　1971年（昭和46）４月23日～1975年４月22日
8		３期　1975年（昭和50）４月23日～1979年４月22日
9	鈴木俊一（すずきしゅんいち）	１期　1979年（昭和54）４月23日～1983年４月22日
10		２期　1983年（昭和58）４月23日～1987年４月22日
11		３期　1987年（昭和62）４月23日～1991年４月22日
12		４期　1991年（平成３）４月23日～1995年４月22日
13	青島幸男（あおしまゆきお）	１期　1995年（平成７）４月23日～1999年４月22日
14	石原慎太郎（いしはらしんたろう）	１期　1999年（平成11）４月23日～2003年４月22日
15		２期　2003年（平成15）４月23日～2007年４月22日
16		３期　2007年（平成19）４月23日～2011年４月22日
17		４期　2011年（平成23）４月23日～2012年10月31日
18	猪瀬直樹（いのせなおき）	１期　2012年（平成24）12月16日～2013年12月24日
19	舛添要一（ますぞえよういち）	１期　2014年（平成26）２月９日～2016年６月21日
20	小池百合子（こいけゆりこ）	１期　2016年（平成28）８月２日～

出典　『東京都職制沿革』などから作成.

である。

東京の変貌をどのように描くか

そのような究極の問題設定はともかくとして、本書で行う叙述の前提となる視点に少しふれたい。やはりどうしても考えなくてはならないのは、首都改造の背景にある政治史、そしてそれに作用する経済の状況である。近代の都市化は、いうまでもなく工業化の歴史と連動してきた。また近代における「帝都」東京、そして首都東京は、国家によって財が集中的に配分されてきた場所である。したがって、東京の政治、経済についてはある程度説明しなければならない。本書は、この半世紀にわたる首都東京の変貌を、政治史を中心に、それにかかわる経済状況などを概観しながら描いていくこととしたい。

とはいえ、歴史学とりわけ都市史という研究領域が、現代の都市を分析し叙述することができるのだろうか。それは第一に依拠すべき史料がどの程度あるのかということ、第二に分析する方法をどのように考えたらよいのか、ということとかかわっている。最初の点についていえば、もちろん十分な史料が手に入るわけではないが、それでも既存の刊行物、公文書などを活用することによって、一定の解明が可能である。もう一つの点についてだが、本書で扱う都市再開発の現代史は、すでに建築学や都市計画などの都市工学、それに経済地理学、社会学、政治学などの現状分析科学において、大きな成果があげられている。これらの研究をふまえながら、歴史学としていかにこの問題に取り組むか、それを考えることが本書の課題である。

本書の構成

以上のような問いかけに対して、次のような章だてにもとづいて叙述していく。

「高度経済成長と首都改造」では、まず一九六四年（昭和三九）の東京オリンピックののちに本格化した、都市再開発法制の整備のようすを述べる。そして高度経済成長のひずみの解決が争点となり、東京をはじめ大都市に革新自治体が登場するなかでの、首都改造をめぐる政治が描かれる。そして都市再開発法制の基本的枠組は、田中角栄元首相の国土開発の構想と密接なつながりがあったこと、そしてこの時期からすでに、ディベロッパーが都市改造に加わっていく枠組みが想定されていたことを述べる。さらに美濃部亮吉都知事のもとでの革新自治体による都市再開発への構想と実践、それに保守の側の対抗が描かれる。

「臨海副都心の時代」では、革新都政から保守都政への転換を担った鈴木俊一都知事のもとで取り組まれた臨海副都心開発を中心に、一九八〇年代の日本が置かれた国際的な位置、経済的条件をふまえながら首都改造のようすをみていく。その際、臨海副都心をめぐって生じた、東京都と中曽根康弘政権の民間活力重視の路線との緊張関係、そしてバブル経済のなかでの地価高騰とその社会的影響に言及する。さらに、地価高騰のなかで実現した、土地基本法の制定にみられるような地価抑制策にふれるだろう。

「低成長と首都改造の再編」は、バブルの崩壊のなかでの都政、それに国の動きが検討される。鈴木都政時代に計画された臨海開発の一環として、世界都市博覧会の開催が予定されていた。だがその規模と経費の膨張、さらに一九九〇年代のなかばに顕在化した都の財政状況の悪化などにより反対の世論が起こり、青島幸男都知事による都市博中止に至る。そして、バブル崩壊後に進行した土地の不良債権化は、日本経済に大きな負担をもたらし、かつ九〇年代後半から声高に叫ばれた東京の国際的地位の低下により、新たな都市政策が必要となった。のちの時代に展開する不動産証券化なども、この時期に具体的な姿をみせたのである。

「「都市再生」の時代」では、石原慎太郎都政と、小泉純一郎内閣の構造改革のなかでの都市政策をみる。二〇〇〇年代に始まった都市再生政策は、民間資本を担い手とする都心再開発計画であった。かつての国土開発の大原則「国土の均衡ある発展」ではなく、「選択と集中」特に東京への一極集中がいっそう進んでいく。他方で大阪の危機感が強くなり、大きな政治変動を生んだ。そして不動産に依拠した資本主義は、二〇〇八年（平成二〇）秋のリーマンショックに翻弄された。加えて東日本大震災は、日本の政治・経済にも大きな衝撃をもたらした。しかし一時期冷え込んだ景気は、アベノミクスと東京オリンピック・パラリンピックの誘致によって、ある程度もち直すことになる。だがその政策がいつまで続けられるのか、未知数の状態である。

以上が全体の構成である。では一九六〇年代に時間をもどして、首都改造のようすを明らかにしていこう。

高度経済成長と首都改造

東京オリンピックを終えて

東京オリンピックの開催

一九六四年（昭和三九）一〇月一〇日から開催された東京オリンピックは、二週間のあいだ、世界九四ヵ国、五五〇〇人以上の選手によってくり広げられた。日本の選手団についていえば、女子バレーボール、体操、レスリング、柔道などの競技で金メダルを、あわせて一六個獲得した。

オリンピックの準備の過程で、競技場などオリンピックに直接関連する施設の建設のみならず、地下鉄などの整備、道路の拡幅、首都高速道路の建設などが実施された。これらのインフラ整備は、もちろん短期的にはオリンピックの準備のための事業という意味があったが、そもそも大がかりな首都改造政策の一環として行われたものである。この時期の東京は、モータリゼーションによる交通問題、人口の急激な増加による都市問題の深刻化がみられていた。東京都は、高度経済成長のはじまりの時期から、住宅・学校不燃化、上水道整備、区画整理、下水道整備、道路整備、公園・緑地整備などを計画していた。戦災復興期から続く事業もあるが、急激に増加する人口への対応という意味が大きかった。

都はこのオリンピックを、東京の事実上の近代都市化の一大契機と位置づけた。昭和三二年（一九五七）度を初年度とする首都圏整備事業により、東京都心のインフラ整備が計画されたが、なかなか進捗しなかった。一九五九年にオリンピック開催が決まると道路街路整備などが急速に進展した。広くオリンピックに関連する都市改造の事業、すなわち新幹線、東京国際空港（羽田）の拡充や道路・上下水などのインフラ整備と、競技場建設などを含み総額で約一兆円が投入されたという（源川真希『東京市政』）。

首都圏整備法のもとで

少し時代をさかのぼって、戦後における東京を含む首都圏の都市計画についてみておきたい。戦後、一九五〇年（昭和二五）に首都建設法が制定され、土地区画整理や道路整備・住宅建設などが進められたが、これは戦災からの復興も含む応急措置的な意味が強かった（『国土庁史』）。のちには、同法に基づき総理府の外局として設置された首都建設委員会により、東京都の範囲を超えた広域の「首都圏の構想案」がまとめられ、新しく首都圏整備法が制定される運びとなった。

一九五六年制定の首都圏整備法は、東京駅を中心に半径一〇〇キロ以内を首都圏とし、二三区とその周辺の市部を既成市街地とし、その外側に近郊地帯（グリーンベルト）を設けて既成市街地の無秩序な膨張を抑えようとしていた。さらにその外側には市街地開発地域が置かれ、こちらへの人口の吸収が目指された。だが高度経済成長期に急激に進んだ近郊地帯の市街地化によって、六五年には近郊地帯は廃止され、緑地を残しつつ市街地化を進める近郊整備地帯が設定された。

同法のもと首都圏基本計画が策定され、人口規模、土地利用、その他の事項が定められた。これは第一次（一九五八年）から第五次（九九年）に至るまで、その時の諸課題に対応するかたちで策定された。オリンピックに関連する東京の改造は、この事業のなかで進展したわけである。

また近畿圏でも一九六三年、首都圏と並ぶ日本の経済・文化の中心としてふさわしい近畿圏の建設と秩序ある発展をはかるため、近畿圏整備法が、それに六六年には中部圏開発整備法が制定されていた（『国土庁史』）。

さまざまな東京改造構想

首都圏整備法に基づく政策は国が中心となって進めるものだが、一九六〇年（昭和三五）前後には民間からの東京改造構想がいくつか発表された。それらの構想は、大きくいって都市の改造論（構造改革論）と分散論にわけられるという（高木鉦作「首都圏整備政策と東京改造構想」）。前者の改造論（構造改革論）は、東京の機能を基本的に維持しつつ、その周辺の範囲に再配置し、あるいは都心の再開発によって既存の機能を吸収しようとするものであった。他方、後者の分散論は、遷都を含め、これまでの東京の機能を全国規模に分散させる構想であった。それに東京への人口流入を制限することによって、都市の規模の抑制をはかる考え方でもあった。

改造論の考えに基づく構想といってよいが、建築家丹下健三らがまとめた有名な「東京計画　一九六〇」（一九六一年）がある（図3）。これは東京の過密化への対応を、都心の市ヶ谷から築地それに晴海（埋立地）の再開発を経て、東京湾上に展開する海上都市、そして対岸の千葉県木更津における都市建設によって行おうという、スケールの大きな構想であった。またこのような大がかりなプロジェクトを実現するには巨額の費用を必要とするが、都心の土地需要が地価の上昇をもたらすことを前提としながら、ここに「現在の都市化へのエネルギーの強さ」をみいだして、その力で都市改造を推進しようとした。もち

図3　「東京計画　1960」（丹下都市建築計提供，川澄明男撮影）

ろんここでは、都市計画の立案は公共の場で行われなければならないこと、「商業的投機的」な東京改造があってはならないことを指摘する。したがって提案の主体は政府や地方公共団体であることが前提であった（「東京計画　一九六〇」）。そして都市改造が大規模なプロジェクトである以上、資金調達の方法が改造推進の議論のなかで必ず問題になるのである。

再開発法制化への道

以上のような戦後東京をめぐる総体としての都市改造計画のもとで、都心の再開発が推進されていく。都市において住居・商業・工業をどのように配置するかという方針を定める都市計画についての法律は、すでに一九一九年（大正八）に都市計画法が制定されていた。また市街地建築物法（のち建築基準法に発展）も制定された。第二次世界大戦後、都心部の不燃化、駅前広場の開発をめぐって、一九六〇年代に本格的な法整備が進められた。六一年（昭和三六）の市街地改造法、防災建築街区造成法、さらには六九年の都市再開発法がそれである。また六八年には都市計画法が全面改正され、一連の新しい都市法の体系が整備された。

都市再開発法などの制定にいたる過程では、東京などの大都市の改造をどのように進めるか、そのための法整備をいかに行うべきかについて、さまざまな議論があった。その議論には、政府や自治体のみならず多くの都市計画や建築にかかわる研究者などが参加している。またディベロッパーの積極的な関与もみられたのである。

大都市再開発問題懇談会は、建設省が事務局的役割をつとめて運営され、一九六二年三月から翌年三月の中間報告の認定まで議論が行われた。民法学者の有泉亨、旧内務省で都市計画にたずさわった飯沼一省、都市計画家の高山英華、東京都副知事（七九年都知事に就任）の鈴木俊一、そして三井不動産の江戸英雄などのメンバーから構成された。ここでの議論は、急激な人口増に対する都市計画面での対応策をうちだした（初田香成『都市の戦後』）ものであった。

のち一九六六年一〇月には、有泉を委員長として都市再開発法制研究委員会がつくられて、二ヶ月弱の集中的討議がなされた。これには石原舜介（都市計画研究者）、竹内藤男（建設官僚）などが参加し、建設大臣に「都市再開発の法制について」が提出された（『都市の再開発について』）。都市周辺部の無秩序な市街地拡散の防止と、既成市街地の再開発を効率的に進める法制が必要だとの認識のもとで議論がなされ、再開発の手法と施行者が中心的な論点となった。ここでは都市再開発の主体は、地方公共団体、国、民間とされた。特に商店街などの開発では都市再開発組合に民間ディベロッパーを入れることが想定され、住宅地については地方公共団体、国が施行者となることがうたわれた。ここでの議論は、都市再開発法の内容につながっていくものと思われる。

以上の構想は、一九六四年のオリンピックの時期における東京の都市問題の深刻化を念頭に置いている。実際、この時期の都政はさまざまな問題を抱えていた。オリンピック実現に尽力した東龍太郎都政は、先に述べたような一般道や首都高の整備をはじめ都市改造を急ピッチで進めたが、その歪みが都民の生活を脅かすようになっていた。また住宅の困窮、水不足、下水道整備の遅れ、敗戦直後に生まれたベビー・ブーマー世代を迎える高校の不足などにも対応しなければならなかった。そのようなかで、六三年知事選挙での不正事件が発生する。さらに六五年には都議会の議長職をめぐる汚職によって、自治省によって都議会の解散が命じられ、出直しの選挙となった。この選挙では、与党であった自民党が大敗し、社会党が第一党になった。その二年後には、社会党や共産党が推す経済学者の美濃部亮吉が都知事に当選した（源川『東京市政』）。この時期、いわゆる革新自治体が各地で誕生していたが、関東ではすでに横浜市が飛鳥田一雄市政のもとにあった。これらの自治体は、以後都市問題に独自のアプローチを行っていくのである。

都市再開発の時代

都市再開発法制の整備

一九六七年（昭和四二）四月、東京では美濃部革新都政が誕生し、以後、佐藤栄作自民党政権と対峙する主体となっていった。それからほどなく同年七月には、都市再開発法案が参議院に提出される。同法案制定の背景として、都市への人口集中による過密化、不合理な土地利用による都市機能低下などがあり、それに対応して、工場分散、流通業務地の再配置、都市施設の整備等を行い、かつ市街地内での再開発を推進するための制度を確立する必要があることがうたわれた。そのため再開発に関する都市計画、市街地再開発事業の施行者、事業における権利処理の方式等の必要な事項を定めようとしたのが、この法律案であった（「参議院会議録」一九六七年七月五日)。

もう少し詳しく都市再開発事業について説明すると、再開発事業は都市計画事業として施行し、市街地再開発組合と地方公共団体および日本住宅公団が施行者となる。また再開発前の土地および建物の権利を、再開発後の建築物・土地の権利に円滑に変換する方式がとられた。これが法案の基本的枠組であった。同法案は、翌年の第五八回国会で継続審議となるがのちに廃案となる。その後、一九六九年三月、第六一回国会にあらためて参院に上程され、四月一八日に可決、続く五月に審議が行われた衆議院では委員会審議の打ち切りをめぐって紛糾するが、五月三〇日に可決されて成立した。

国会での本法案の審議の際、野党が問題にしたのは、第一に開発の主体である市街地再開発組合に民間ディベロッパーが加わることができること、つまり大資本が営利目的で再開発事業を興すことへの批判であった(『衆議院会議録』一九六九年五月三〇日)。こうした批判は、法案に反対した社会党、公明党だけではなく法案自体には賛成した民社党からも出された。また第二に、計画の実施のためには、経済的貧困を抱えた住民も参加を余儀なくされることから生まれる問題である。場合によっては土地収用法の適用を受け、憲法第二九条の「公共の福祉」という名目で、私有財産を制限する可能性があり、これが人権制限につながるというものであった。第一の点は、ディベロッパーが従来から強く求めてきたものであった。第二の点は、都市再開発法制定と同じ時期に行われた土地収用法の改正において、大きな争点を形成していくことになる。

この時期、一九六八年には日本における最初の高層ビルである霞が関ビルがオープンした（図4・図5）。これは、都市計画法改正により盛り込まれた特定街区制度を利用して三井不動産によって建てられたものである。七〇年に、浜松町の世界貿易センタービル（四〇階）が建てられ、そののちには西新宿の再開発が展開するが、霞が関ビルはしばらく東京タワーなどと並んで、東京の中心街のランドマークとして機能した。

大都市の広大な土地の確保

都市部に置かれた工場の地方への分散は、首都圏整備法に基づく事業のもとで進められていった。既成市街地内の工場や大学を分散させるため、首都圏の既成市街地における工業等制限法が一九五九年（昭和三四）に制定された（『国土庁史』）。この法律は、東京など大都市での大規模再開発に大きな意味があった。また東京都心にあった大規模な私立大学が多摩地方などに移転するのは、この政策的な誘導によるものであった。

それとかかわって、都市再開発法制定に先立つ一九六六年三月には、都市開発資金貸付

図４　竣工当時の霞が関ビルディング（三井不動産株式会社提供）

図５　スカイツリーから霞が関，六本木方面をのぞむ（2015年撮影）　霞が関ビルはどこにあるのだろうか？

法が制定された。これは、大都市への人口集中のなかで市街地の再開発を推進し、主要な公共施設を計画的に整備することが緊急の要請となっている状況のもと、東京・大阪等に置かれた移転予定の工場等の敷地を地方公共団体が買い取り、その場所で市街地整備を行うものであった。土地の先行取得にあたって、国が地方公共団体に対して長期・低利の資金を貸し付けるとしたのが同法である（「衆議院建設委員会」一九六六年二月二三日）。こうした資金貸し付けが必要となる制度的背景としては、自治体が発行する地方債は不適当だということがあった。なぜなら用地を取得し一定期間リザーブしておくものなので、特定の公共事業のための事業費に充当すべき起債の対象とはなりにくかったからである。また地方債では、十分に長期かつ低利の資金を得ることは難しいといった背景もあった（『都市開発基金』）。

そして、貸付に関する政府の経理を明確にするために、都市開発資金融通特別会計が設けられた。工業の地方分散が進められ、都会に位置した工場などの広大な跡地が、市街地再開発の対象となるが、同法はこれを資金面で保証するものであった。すでに一九六五年八月の段階で、東京・大阪で工場移転などの買い取り希望が四五〇億円相当存在したといわれる（「衆議院建設委員会」一九六六年三月一一日）。政府側も昭和四一年（一九六六）度は、二三〇〜四〇億円が必要であるという認識であったが、初年度の予算は一五億円という少額であり（「衆議院大蔵委員会」一九六六年三月三〇日）、国会でも批判されたものの可決をみた。

自民党都市政策調査会の答申

以上、都市再開発法とそれに関連する法律の制定過程をみてきた。法制化の背景には、建設省・学者・不動産業者を中心とした法制度の研究があったが、政権党のなかでも調査・研究が進められていた。一九六七年（昭和四二）三月一六日、自民党都市政策調査会が発足した。この第一回総会から、以後二四回にわたる総会をもち、その後の分科会での審議を経て、六八年二月から五月の起草委員会で検討を行って五月に都市政策大綱（中間報告）が了承された。都市政策調査会は自民党幹事長となった田中角栄を中心に、彼の秘書であった麓邦明（ふもとくにあき）と早坂茂三（はやさかしげぞう）が事務局をつとめ、全国総合開発計画（全総）の作成にかかわった下河辺淳（しもこうべあつし）らが中心となっていた（御厨貴「国土計画と開発政治」）。

では都市政策大綱の中身はどのようなものだろうか。答申の「都市政策の基本方向」をみると、その冒頭に「国民のための都市政策」が掲げられ、二番目に「高能率で均衡のとれた国土の建設」、その他「新国土開発の樹立」、「基幹交通・通信体系の建設」、「水資源の開発と利用」、「広域行政の推進」、「国土開発法体系の整備」、「開発行政の一元化」といった項目が並んでいる。「高能率で均衡のとれた国土の建設」という部分に、この構想の基本的な考え方があらわれている。すなわち日本列島そのものを都市政策の対象としてとらえ、大都市改造と地方開発を同時に進める。それによって均衡のとれた国土をつくるということである。これは過密と過疎が、現象の表と裏を示すものであり、その両者を解決しなければならないという発想である。以上の構想は、のちに有名な「日本列島改造論」につながっていく。

都市政策大綱の中身

そしておもに都市に適用される政策としては、「先行的政策への転換」というかたちでの、都市への先行投資の必要性が指摘できる。また再開発に関しては、政府の誘導策により「民間エネルギーの参加」をはかる、つまり民間資金を積極的に導入することが強調された。大都市の過密への対応と、地方開発という両面作戦のためには、政府の財政力だけでは無理である。そのため民間の資金も確保し、重点的に投下できる制度を創設する必要がある。また、民間のディベロッパーを都市づくりに誘導するため、資金と税制の面で助成措置を実施する（『都市政策大綱』）。

具体的には、都市計画に基づいた都市改造に参加するディベロッパーには、新しい法律を制定して都市計画事業の施行者となりうるようにし、また土地収用の請求権を与え、かつ彼らに長期の低利資金を供給する。そして、地価の高い大都市の賃貸住宅の開発の場合、居住者の家賃が高くなり、企業の採算も困難化する可能性があるため、再開発にともなう整備費は国や自治体が負担するという。さらに資金の効率的運用のため、都市改造銀行・地方開発銀行・産業銀行を創設するという提案も行われた。これらの銀行は、国土の改造のための拠点的な金融機関として長期低利資金を供給するものである。

その際、政府が利子補給を行うと述べる。これは都市政策大綱の提起した最も重要な政策の一つだった。つまり、先の金融機関が市中から動員する資金の年利と、都市再開発への貸付の年利の差を埋めるために用いられる。

利子補給の方法などは、都市政策大綱に詳しく書かれているわけではないが、経済学者の野口雄一郎は、次のように推定していた。毎年の公共投資の伸び率を一五%として、この伸びる予定の部分を利子補給金の財源に使う。そして、仮に動員する資金と貸付の年利の差が五%とすれば、その分を補給すれば前年の公共投資の三倍の民間資本を導入できる、というのがこの案のメリットであった。そうすると当年の公共投資とこの民間資金によって、前年に比較して四倍の事業費が確保できる（「都市『問題』から都市『政策』へ」）。こうして直接的に財政投入をはかるよりも、多くの資金を集めて事業を行うことが可能となる。もちろん地価が上がり続け、投資によって実現した再開発からは十分な収益が見込まれることが前提である。

都市政策調査会の答申でうたわれたディベロッパーへの土地収用の請求権の直接的付与や、都市改造銀行等からの利子補給案などは実現しなかった。だがディベロッパーの再開発事業への参加は、この答申より前から議論されており、都市再開発法のなかに盛り込まれることになった。

革新都政の誕生のなかで

自民党都市政策調査会が設置されたのは、ちょうど一九六七年（昭和四二）四月の都知事選で社会党・共産党が推す美濃部亮吉が当選する時期にあたっていた。佐藤栄作首相は、美濃部の当選を「一寸不愉快」であると述べ、党内の落胆のようすを日記に綴っている（『佐藤栄作日記』一九六七年四月一七日）。また都市政策調査会会長の田中角栄の論説は、この選挙結果を次のようにみた。自民党は、大都市の過密化に対応した政策の実施を怠り、すでに沸点に達していた都民の欲求不満の爆発を招いた。自民党は都民そのものに負けたのである。だが「おそまきながら」自民党は、都市政策調査会を発足させて、この都知事選の敗北を機会に、都市政策を内政の最重点施策の一つにしたという。さらにまとめの部分で田中の論説は、「われわれは万年保守政権の甘い幻想を捨てるべき時を迎えている」と述べた（「自民党の反省」）。これが論説の表題にある「反省」の内容であった。ここから、自民党が都市政策を革新自治体への対抗策として重視していたことを読みとるのは、あながち間違いではない。

時代はさかのぼるが、一九六三年に自民党の石田博英（いしだひろひで）（池田勇人内閣労働大臣）は、自民党が進める工業化にともなって第二次産業就労者が増加することで、かえって自民党は凋落し、このまま行けば社会党が得票率で自民党を追い越すことも想定されるので、それに対応する政策が必要だと述べていた（「保守政党のビジョン」）。よって田中の「反省」をこの連続線上に読むことも可能である。だが、あれほど危機意識を表明していた石田は、大平正芳・中曽根康弘との座談会において、六七年一月の衆議院総選挙の結果を、自民党の得票率の低下は確認できるものの減少分が社会党に向かったわけではないと分析し、振幅の激しい中間層が生まれているとした（「座談会　変貌する社会に対応で

図６　田中角栄（内閣広報室提供）

きるか」)。また佐藤内閣は、六五年に社会開発懇談会を設置し、経済効率主義に集中し福祉を第二義的にとらえてきた誤りの反省、経済的ひずみの是正だけでない、国民の潜在的エネルギーを引き出す諸条件整備、経済開発を進めるための社会開発という観点から政策をうちだした。これは六七年三月発表の経済社会発展計画に引き継がれていった。

調査会の設置が都知事選の前であることに加えて、以上の状況をふまえて考えると、都市政策調査会の位置は、短期的な選挙対策ではなく自民党の中・長期的な都市戦略という性格が強い。また先に示したように、ここでいう都市政策は狭い意味での都市部を対象としたものではなかった。都市対策と農村対策を一体として把握した国土再編成のビジョンであった。

高度経済成長期における不動産業の位置

高度経済成長が進行するこの時期、不動産業界の声を政治に反映させようとする動きがみられた。三井不動産の江戸英雄がその中心人物であった。江戸は一九〇三年(明治三六)生まれで二七年(昭和二)に三井合名に入社、五五年に三井不動産社長に就任した。

三井不動産は一九五七年に千葉県から市原の埋め立て事業の協力要請を受けて開発を進めることになる。これは県が事業主体となって漁業補償などに対応するが、埋め立ての費用、漁業補償費・道路などの関連施設の整備は、この場所に進出する企業が支払う前納金によって行うものであった（『三井不動産七十年史』）。続けて千葉港の開発や浦安地区の土地造成を手がけ、一九六〇年頃からは東京ディズニーランドの建設のプロジェクトにもたずさわった。

江戸は三井不動産の経営を仕切る一方で、一九六三年に正式認可された社団法人不動産協会の理事長に就任した。彼は先の港湾などの開発を官と民の共同で進める「千葉方式」の成功をもとに、同協会理事長としてこの方式を推進することになる。同時に、政府に対しても不動産業の利益をはかる働きかけを行った。

一九六二年に彼は、不動産業界が行政や金融機関から冷遇されている現状を指摘し、その改善を求めていた。特にビル業の展開にあたっては、高度経済成長のなかでのビル需要が生まれているにもかかわらず、この業界に対する社会の認識は薄い。したがって金融機関の融資の優先順位も低く、金融引き締めの際は目の敵にされて資金が確保できないという。また現行の借家法適用においては貸借人の多くが企業であっても、それに保護が与えられていること、さらに建築基準法の適用にあたって、ビルの高さが三一メートルの制限を受けていることを問題点としてあげていた。総じて不動産業への待遇改善・法改正を訴えていたといえよう（「不動産業界の諸問題」）。のち六六年の段階になると、一方では大都市への人口集中の不可避性から、大都市郊外における住宅開発が必要であり、民間業者がこれに参画する際の助成を具体化することを求めた。この時期に争点となった土地税制改正問題でも、業界の利益を主張していた（「不動産業界の現状と将来」）。

都市政策調査会における不動産業

一九六七年（昭和四二）七月に江戸は、経済同友会の木川田一隆（きがわだかずたか）とともに自民党都市政策調査会に呼ばれ、都市政策における民間ディベロッパーの活用について強く訴えていた（都市政策調査会記録「都市政策への提言　その一〇」一九六七年七月三一日）。江戸は国土開発の現状について次のように述べる。全国総合開発計画（全総）が六二年にうちだした拠点開発構想によって新産業都市が設定されたが、うまく機能していない。これは、政策が経済的合理性を無視しているからである。つまり、大都市への人口集中は不可避であるので、都市全体を開発し郊外には大団地を建設すべきである。また不動産の現状についても意見を述べた。これまで民間業者は自分で金利を負って事業を進めなければならなかった。他方で公共団体は無利子でできる。また宅地開発をすれば、自治体は民間業者が学校、道路、下水を整備せよといってくるが、これは公共機関が行うべきだと江戸は主張する。積極的提案として彼は、アメリカにみられるような長期低利の融資の実施を求めた。

その他、一九六七年一〇月の大都市問題分科会（都市政策調査会記録「都市再開発の新動向」一九六七年一〇月二四日）には、江戸と同じ三井不動産の田中順一郎が呼ばれた。田中は、民間企業による再開発も国・地方自治体の計画基準に適合するものには社会的意味づけを与えるよう訴えた。さらに大規模な都市再開発プロジェクトにディベロッパーが参加することを可能にし、加えて低利長期資金の確保、建築物に対する不動産取得税、固定資産税等の減免などを実現することを求めた。

以上、ディベロッパーの都市再開発をめぐる諸要求が、都市政策調査会においても表明された。藤尾正行が述べるように、自民党側にも江戸のような認識、すなわち新産業都市の設定にもかかわらず大都市部に人口が集中するのは「摂理」であるとの考えが共有されていたのである（都市政策調査会記録「都市問題と財政・税制」一九六七年六月五日）。また調査会会長である田中角栄自身も、民間が主体となった開発を求めていた。経済成長の年率を超えて一般会計の伸びがみられるなかで、公共事業費の支出は将来的には限界がある。だから補助金というかたちではなく利子補給に切り替え、ディベロッパーを事業主体に位置づけようという発想があった（都市政策調査会記録「都市問題と財政・税制」一九六七年六月五日、「生きるための都市改造」)。

すでに調査会の第二回総会では、竹内藤男建設省都市局長から都市再開発法制定が建設省の手で進められていることが紹介されていた(都市政策調査会記録「都市化時代の建設政策はいかに在るべきか」一九六七年三月二七日)。以上のような江戸らの働きかけが作用したのか、ディベロッパーを都市再開発事業のなかに明確に位置づける考えは、都市再開発法の基本的な構造となっていく。

革新都政と都市改造

美濃部都政の政策と行政手法

一九六七年（昭和四二）に誕生した美濃部革新都政の特徴を政策面、行政手法からまとめておくと次のようになる（源川『東京市政』）。政策面では、まず社会福祉政策の展開である。この時期に深刻化した保育所不足に対応して、無認可の保育所が認可を受けるための施設充実への助成などが行われた。関連して政府より早く実施した児童手当制度、そして高齢者への施策として老人医療費助成、老人福祉手当などが実現した。それに障害者に対する養護学校増設、心身障害者扶養年金、心身障害者福祉手当なども、美濃部都政の政策として有名である。

それから美濃部都政は、この時期に深刻化した公害への対策に力を入れた。東京都公害研究所の設置、公害防止条例の制定などがあげられる。防止条例は国の基準より厳しいものであった。そして物価対策や深刻化したゴミ問題への対応なども取り組まれた。オイル・ショックによる物価高騰では、緊急生活防衛条例の制定を行い、また物価局を設けて日用品流通、価格監視などを実行した。ただしゴミ問題では、区部の清掃工場設置がうまく進まず、東京都と地域住民の対立や、地域間の対立が発生した。

行政手法の面を概略的にみると次のようになる。まず「シビル・ミニマム」を設定して、住民が安全、健康、快適、能率的な生活を営むための最低限の条件を示し、これへの到達を目指した。そして「対話と参加」を掲げて、知事自らが地域に出かけて住民との対話を実施する方式が行われた。また特に二期目以降には道路建設、公害、日照権問題などでの住民の「参加」が強調された。そして先にみた福祉政策、公害防止の政策でとられたように、政府よりも積極的な対応を行おうとしたこともあらためて重要である。これは中央政府＝自民党政府に対抗する主体として、みずからを位置づけていたことを示す。さらに美濃部は、マスコミを使って自己の政策や考えを都民に訴える方法をしばしば用いた。もともと彼が、知事就任前から経済学者としてテレビ番組に出演していたこともあって、マスコミを効果的に使うことができたのであろう。

広場と青空の東京構想

以上、美濃部都政の政策と行政手法を紹介したが。都市政策のうちハードの都市改造を含む計画としては、『広場と青空の東京構想試案』（以下「広場と青空」とする）が一九七一年（昭和四六）三月に発表されていた。これはのちに述べるように、同年四月の知事選挙に向けた政策とみなすことができるものであった。自民党に推され対立候補として出馬した秦野章（はたのあきら）（前警視総監）は、すでに独自の都市改造プランを発表しており、それへの対抗も意図されていたものと思われる。

「広場と青空」に先駆けて、一九七〇年六月に美濃部都政の政策立案にかかわった東京問題に関する専門委員（代表は都留重人（つるしげと））がまとめた第六次助言「再開発について」をみてみよう（『東京問題専門委員第六次助言　再開発について』）。ここには、美濃部都政の都市再開発に関する基本的な考え方がうちだされていた。つまり生活環境を改善するために緊急に取り組むべき「地区再開発」の課題と、都市改造のマスタープラン作成がうたわれた。それに再開発の問題は都民参加の問題であり、都民サイドに立った都民のための都市づくりが強調された。そしてこの助言では、都市再開発の狙いとして、管理中枢機能の建物や豪華マンションの並ぶ「彼らの町」を、「自分たちの町」へつくり変えるという考えが示された。また民間ディベロッパーにより高層建築の建設が進むであろうが、狭い土地を利用した細いビルである「ペンシル・ハウス」の林立も予想される。そうすると、再開発が進めばその場所を「再再開発」するのは難しくなるので、都が積極的にコントロールを行うことが強調されていた。

一九七一年三月にまとめられた「広場と青空」は、八〇年代の都民生活を展望した「都民のための都市としての東京」のあるべき姿と位置づけられた。その原則は都民参加による都市改造、シビル・ミニマム実現のための都市改造の二つであり、これを基本として具体的な事業が計画されたのである。

計画実施の責任とさまざまな主体との協力関係については、そのあり方を①市民と自治体の関係、②国との関係、③民間活動との関係、④都の責任に分けている。まず、①市民と自治体の関係では、都民と市民運動を計画実現の土台とすることがうたわれる。②の国との関係では、自治体への権限移譲をはかり、国が都民の福祉を尊重するべきであるとされる。③の民間活動との関係では、企業を中心とした民間の活発なエネルギーの展開がみられるなか、民間の方針決定においては、この「広場と青空」が尊重され、この計画の民間活動への誘導効果を期待することがうたわれる。④都の責任については、都が国・公団・公社・公共企業体・民間事業主体のエネルギーを適切に結集するよう努力すると述べられた。

また都市改造のための投資は、公共・民間が相互に関連し合い相乗的にその効果を高めていくよう総合的・計画的に行うこと、民間活動にも公共優先の原則が徹底し、この計画のプログラムが総合的に推進されるように、都は先導の責任をとると述べる。

「革新都市づくり綱領」

総じてこの時期には、都市再開発の推進においては、まず公益優先の原則を強くもたせること、それに計画への市民参加をはかることが重要だとされた。そして「広場と青空」においても、再開発事業を展開するなかで予想される民間ディベロッパーの参加については、都市づくりの公共性や市民意思との衝突が起こるおそれがあるので、行政による規制と指導を十分に行うとした。

こうした態度は、すでに一九七〇年（昭和四五）に作成されていた全国革新市長会の「革新都市づくり綱領」（第一次）のなかにもあらわれていた。そこで民間ディベロッパーは、都市自治体の計画と基準にしたがい、かつ公共・公益施設に適切な負担をさせることを条件に、「都市開発に参加することができる」という位置づけが与えられていた。革新自治体も都市再開発を進めることの重要性は認識しており、そこでのディベロッパーの役割を否定はしない。しかし行政が適切な規制を行うことが重要であり、そこで強調されるのは市民参加の役割であった（「革新都市づくり綱領　シビル・ミニマム策定のために」）。

このような「革新都市づくり綱領」にみられるディベロッパーへの対応は、当時の革新政党によるディベロッパーに対する敵視とは区別され、その民間重視の姿勢が評価されることもある（土山希美枝『高度成長期「都市政策」の政治過程』）。とはいえ、この時点で都市自治体が進める再開発は、基本的には市民参加を前提としながらディベロッパーの利益追求には厳しく対応するものだったと思われる。のちに述べるように、オイル・ショック後の社会経済情勢のなかで、自民党も都市再開発の公共性を重視せざるをえなくなる。一九七〇年代の東京では、都市自治体、自民党、ディベロッパーという三者の関係において、革新勢力に率いられた都市自治体のヘゲモニーがある程度貫徹していたといえるだろう。

秦野ビジョン

先に述べたように前警視総監の秦野章は、自民党の支持のもとで、一九七一年（昭和四六）四月に予定されていた知事選に出馬する姿勢をみせた。七〇年九月には、秦野は都市改造プランである「東京緊急開発行動五ヵ年計画　大綱」（以下「秦野ビジョン」とする）を発表していた。この「秦野ビジョン」は、①なるべく都心に近い地点での住宅大量建設を行う、②鉄道・道路ネットワークの整備と都心機能の分散による通勤難解消をはかる、③緑地とスポーツ・リクリエーション施設を確保する、

④自動車排気ガスと騒音の公害、火災・高潮などの災害の防止、下水など生活環境の整備を行う、⑤生活環境の悪い地点と、いきづまった地区の改造・未開発地区の開発を行うことを柱にしていた（「東京緊急開発行動五ヵ年計画　大綱」）。

これらの構想を具体化するために掲げられたプロジェクトに必要な資金は合計約三兆九九〇〇億円であるが、そのうち一兆八〇〇〇億円は民間投資に期待するとされた。事業の主体として新東京開発公団を設立し、これが全体的開発計画立案、土地その他の取得・建設・賃貸・管理、それに計画の実施機関への融資・債務保証、債券発行、調査・研究を担うというものであった。実施機関は、新設公社・住宅公団・道路公団・国鉄・私鉄それにディベロッパーとなる。秦野自身、再開発事業にディベロッパーを使っていくのが美濃部との違いだと強調していた。その際、「社会主義」だけでなく「自由競争」の利点を生かすのだ、といういい方もしている（『朝日新聞』一九七〇年九月二〇日）。

以上の「秦野ビジョン」は、自民党都市政策大綱の枠組のもとで、民間資金を動員して東京で大規模な都市改造を実施しようとするものであるといえよう。まさにこの方式は当時の美濃部都政やそれを支えたブレインなどの考えとは対立するものであった。美濃部ブレインの一人で政治学者の松下圭一（まつしたけいいち）は、一九七一年の知事選の前に「秦野ビジョン」の作成にあたった内田元亨（元通産官僚）と対談し、「広場と青空」の政策的優位性を主張した（『朝日新聞』一九七一年三月一四日）。また松下は、民間資金を導入して新東京開発公団を中心に事業を進めると、都の都市改造事業の主導権が公社にもっていかれてしまい、地方自治体の機能が奪われるとの批判を展開した。これは都市計画への市民参加という基本路線からの立論である。

とはいえ、老朽住宅を高層化して建て替えることの必要性は、松下の考えにも存在していた。また、のちに美濃部のもとで東京都企画調整局長をつとめる都市問題研究者の柴田徳衛も「秦野ビジョン」の発表される直前に、土地の所有権に手をつけ、再開発を進めて土地利用の効率を増し、オープン・スペースを設けてコンパクトで住みよい都市をつくる必要性を説いた（『毎日新聞』一九七〇年九月一六日）。革新側が強調したのは、繰り返しになるが、行政が資本の利益追求に対しては厳しく対応するべきだということであった。

オイル・ショックと地価高騰

一九七一年（昭和四六）四月の知事選で、美濃部は三六一万票を獲得して再選された。この数字は二〇一二年（平成二四）の都知事選で猪瀬直樹が四三三万票以上を得て当選するまで、最高の得票数であった。

その後、「秦野ビジョン」のような都市政策大綱の路線を受け継いだ具体的な計画は、少なくとも東京の自民党組織によっては提起されていない。他方、七二年六月に「日本列島改造論」が発表され、田中角栄の秘書である早坂茂三らが田中の政策に戦略的に盛り込んできた公益優先の色彩は薄まり、そのような理念の強調ではなく現実的な利益配分としての地方の開発政策が進行していく（御厨「国土計画と開発政治」）。

だが都市政策のレベルでは、自民党はますます高度経済成長のひずみや、地価高騰への対応を余儀なくされていた。自民党東京都支部連合会が、一九七三年七月の都議選に向けて作成した政策文書（「東京ふるさと計画」）では、「健康と生命を尊重する都市」、「公正と連帯にあふれるまち」、「自由と参加でつくるふるさと」を掲げていた。ここでは開発の推進や地価高騰のなかでの都民生活の防衛が、基本的なトーンであった。土地利用計画のもとで、交通システム・下水道網の整備、再開発と区画整理事業を進めるが、これは工・住混在、低・高層混在の整理と勤労者の生活基盤としての住宅・都市空間を創出し、豊かな緑と日照を確保するものだとされた。土地収用も勤労者用住宅用地の確保の文脈で言及されており、都民福祉に関連の薄い建設工事は繰り延べるとしていた。

列島改造政策によって、太平洋側に集中している工業を日本海側などに分散させて全国に工業都市をつくり、新幹線や高速道路の整備によってそれらの都市をつないでいくことが大規模に行われた。それは公共投資を拡大し、また地価の高騰がみられ、土地投機がそれをさらに助長していくのである。そして一九七三年一〇月、第四次中東戦争が勃発し、石油価格の高騰がみられ日本でも石油危機が発生した。そのなかでトイレット・ペーパーなど日常必需品の不足が叫ばれた。おりからの地価上昇に原油価格高騰も重なって、激しいインフレとなったのである。

公共性が重視される都市再開発政策

このようななかで、国民生活の防衛が保革を問わず大きな政治課題となった。自民党は、都市再開発の推進をはかりつつも、その公共性を強調しなければならなかった。一九七五年（昭和五〇）四月には都知事選が行われた。この選挙は現職の美濃部が、支持政党であった社会党と共産党の対立などを背景に当初不出馬を表明していた。しかし、保守政党による都政の奪還を目指して作家の石原慎太郎が立候補するなかで、美濃部も出馬を決め石原に辛勝した（図7）。

知事選における石原慎太郎陣営の政策を検討してみよう。石原陣営は、「みのべ福祉をさらに質的に発展させよう」とうたい、福祉政策を否定はしないが美濃部とは異なるかたちの政策をうちだそうとした。都市再開発については、美濃部都政のもとで事業が停滞していると批判した。石原は年間住宅建設戸数の六割が民間によるものであることにかんがみ、都市整備事業のため一定の基準を満たした業者に、利潤制限のうえで民間資金を導入し、また民間の参加組合方式による都市整備事業を進めるとした。ただし、その際にも住民サイドからの再開発計画のあるものを最優先すること、大規模プロジェクトよりも都民の要望に基づく、小規模な公共サービス施設を整備することが強調されていた（「甦れ・東京！　東京再生基本構想」、「東京再生計画　都市政策基本構想」）。

スマイル曇りがち

少なかった票差反省

美濃部氏　でも三期目へ自信

東京

図７　美濃部３選を報じる記事（『朝日新聞』1975年4月14日「スマイル曇りがち」）

以上のように、オイル・ショック前後、都市再開発政策を推進する保守側も、住宅政策との密接な連動や、住民参加を視野に入れた開発の推進を強調していた。列島改造政策が拍車をかけた地価高騰と投機熱に対しても批判は強かった。不動産協会など不動産関連業界団体も、土地問題をめぐる世論の批判を念頭に置きながら、一九七三年九月に「民間デベロッパー行動綱領」を制定した。これは同協会理事長であった江戸英雄が、日本高層住宅協会、日本ビルヂング協会連合会、都市開発協議会に働きかけてまとめたものであった（『三井不動産七十年史』）。ここでは良好な住環境・良質な住宅の大量供給が社会的使命であるとして、企業体質の改善、国土の有効利用・自然環境および地域社会との調和をはかることがうたわれ、投機を目的とした土地取引、価格つりあげなどを戒めていた（「不動産協会五十年史」不動産協会ウェブサイト）。

また江戸は、ロッキード事件が表面化して自民党への批判が強まっていた一九七六年六月の時点で、福祉政策のなかで最大のものは住宅建設であり、土地高騰問題がこれを阻んでいることと、持家化と中産階級の育成が共産主義の防壁になっているという西ドイツの例に言及していた（「戦後保守政治の転回点に想う」）。列島改造政策にともなう地価高騰への批判、のちには自民党政治の危機において、土地取引の公正化と地価抑制が業界にも求められ、さらに住宅建設が体制安定策として強く意識されていたのである。さらに、江戸は国や自治体がこの時期にこそ、企業などの所有する土地を買いあげて公有地を増やすことを主張した。これは先の住宅建設推進の観点からである。

江東防災拠点開発の展開

美濃部時代には、地価高騰への社会的批判もあり、民間が主役となり大規模な都市再開発を進めるということにはならなかった。この時期は、東京都の主導で、工場移転の跡地を利用した大規模開発が行われた。その代表的なものとして、江東防災拠点開発があった。

一九六九年（昭和四四）に東京都は、「江東再開発基本構想」を策定する。これは移転した工場の跡地を利用して再開発を行い、震災対策、生活環境の改善を行おうとするものであった。計画では、白鬚（しらひげ）（東地区・西地区）、四つ木、亀戸（かめいど）・大島・小松川、木場、両国、中央（猿江地区、墨田地区）の六つの地区が防災拠点とされ、そのうち実際に白鬚東、白鬚西、亀戸・大島・小松川地区の事業が進められた。これらの地域はもともと工場地帯であったが、工場の地方への移転が行われるなかで、都は都市開発資金などを利用して敷地の買収を進めた。

たとえば昭和四三年（一九六八）度の主要事業のなかには、平井南地区（亀戸・大島・小松川地区）の鉛工業関係会社（一万三五四五平方メートル）、化学関係会社（八万九四〇平方メートル）の跡地の買収が位置づけられた。こういうかたちで毎年度、都は工場跡地の買収を進めていったのである（「調整会議結果　昭和四三年度主要事業　第二・四半期執行実績について」）。

同じく一九六八年一〇月二一日の東京都の首脳部会議の記録によると、首都整備局は次のように述べていた。先頃、防災避難案について東京都防災会議から答申が出され、また建設省の方からは全国総合開発計画の手直しにあたって大型プロジェクトのモデルケースとして再開発を手がけないかとの話があった。そのため、国の受託費を受けて計画を進めることとしたという（「調整会議結果　江東デルタ防災再開発実施計画案の作成作業について」）。そして同年一一月五日には、この事業を進めるにあたって、拠点の候補六ヵ所の選定方針と地区、計画作成の手順などが議論された。この時点で、北部（白鬚橋付近）、東部（大島地区）、南部（木場付近）、北東部（新四ツ木橋付近）、中心部（錦糸町付近）、西部（両国駅付近）が候補地とされ、周辺の火災から安全を確保するため五〇ヘクタール以上の空間を確保することがうたわれた。

白鬚東地区の再開発

この防災拠点開発のうち、最初に取り組まれたのが白鬚東地区の再開発であった。これは第一種市街地再開発事業（墨田区堤通二丁目・三丁目、合計約二七万五六〇〇平方メートル〈二七・六ヘクタール〉）として事業が進められた。この地区は、江東デルタ北部に位置する隅田川の東側であり、地区の北部の約三分の一が鐘淵紡績（かねがふちぼうせき）工場跡地であった。また同地区の中央部には中学校、水神公園、隅田川神社、木母寺（もくぼじ）があり、その他、住宅地、下水道ポンプ所、都営住宅と工場跡地等の公有地、倉庫等の民有地からなっていた。南部の西側は工場跡地であり、隅田川沿いには首都高速六号線が走っている。地区の東側は住宅、店舗、小工場が混在する場所であった（『東京都における市街地再開発事業の概要』）。

再開発事業の都市計画決定は一九七二年（昭和四七）九月であり（のち七四年をはじめ幾度かの変更がある）、環状四号線（明治通）と補助一一九号線（堤通）に沿って高さ約四〇メートルの建築物を配置し、大震災が発生した際にこれによって火を防ぎ、建築物の内側の隅田川に沿ったところに、一〇・三ヘクタールの広場を設けて避難場所とする計画であった。ここは約八万人の避難が想定され、平常時には一般公園ならびに運動公園として活用するものとされた（後述）（『東京都における市街地再開発事業の概要』）。

白鬚東地区の再開発を含め、江東防災計画の実行にあたっては、一九六八年一一月から計画概要の地元住民への説明が始まり、七二年九月の都市計画決定を経て、翌年一月には白鬚東地区防災再開発協議会が発足し、東京都、墨田区、それに住民による協議が開始された。協議会には総務部会・住宅部会・商業部会・工業部会・転出部会が設置され、都市計画変更、学校・病院・駐車場の計画、住宅等の入居基準・家賃、店舗計画や工場計画、それぞれにかかわる融資、それに転出に関する希望調査・融資・代替地・補償などが話し合われた（『白鬚東地区防災再開発協議会議事録集　そのI』）。

白鬚西地区（荒川区南千住三丁目、四丁目・八丁目の一部、図8）の三八・六ヘクタールでも一九八三年（昭和五八）三月の都市計画決定により第二種市街地再開発事業（後述）が進められた（周辺整備を含め五七・九ヘクタール）。

鈴木都政に引き継がれた事業

この地域もユニチカ、鐘紡などの工場跡地を七一年から七六年にかけて東京都が買収していた。

そして亀戸・大島・小松川地区（江東区亀戸九丁目、大島七〜九丁目、江戸川区小松川一〜四丁目、逆井一丁目）の九六・八ヘクタールでも、一九七五年八月の都市計画決定により第一種市街地再開発事業が行われた。ただし基本計画の見直しについての住民との協議がまとまらず、鈴木俊一都政下の八二年一月、東京都、区と住民の合意が行われて、小松川地区の開発を開始することとなった。その際、都がすべての事業をまかなうのではなく、公団・公社の手を借りて建設を進める特定建築者制度により事業を進めることとなる。このとき亀戸・大島・小松川地区における公園の用地として指定された旧化学工場跡地では、土壌の六価クロム汚染への対応も深刻な課題となった（『朝日新聞』一九八二年一月一三日）。こ

図８　白鬚西地区（2010年，東京都都市整備局ウェブサイトより）

図９　白鬚地区　東側から西側をみる（1984年，同前）

れらの防災拠点開発の規模についていえば、防衛庁跡地を利用した東京ミッドタウンの地区面積が約一〇・二ヘクタールだというから、その大きさがわかるであろう。七〇年代にこのような再開発が可能であったのは、工場移転の推進の時期であったこと、都が財政面で基本的に豊かであったことが条件となる。

以上の都による大規模再開発にかかわって、一九七五年には都市再開発法改正が行われた。まず七四年四月、第七二回国会に提出されたが、実際の審議は第七五回国会で行われた。法改正は、既成市街地の再開発の一層の推進をはかることを目的として、公益性が高く大規模な事業を早急に施行するための手法を確立することが目的とされた。こうして従来の権利変換手続による第一種市街地再開発事業のほか、地方自治体と日本住宅公団の事業にかぎり、用地買収方式による第二種市街地再開発事業の制度を新設することとした。

建設された防災拠点

実際に建設された白鬚東地区防災拠点の公園、住宅などは防災上の観点から設計されたものであった。プランニングにかかわった高山英華は、細かい地区計画を立てて再開発による木造市街地の不燃化を進めていくことが基本であるが、それが間に合わないことを前提としてこれを構想したという。この防災拠点は、関東大震災の被服廠跡地の大惨事の反省の上に立つものであった（「特集　白鬚東地区防災拠点計画」）。一九二三年（大正一二）九月の震災による火災で当時の本所区は大きな被害が出る。現在、横網公園となっている場所、被服廠跡地は広い空間であり、火災を逃れた人々が多く集まったが、そこに竜巻が襲いかかっておびただしい数の犠牲者が出たのである。

隅田川沿いの東白鬚公園は、災害時に約八万人と見込まれた避難者が滞在する場として想定されていた（「特集　白鬚東地区防災拠点計画」）。そして都営住宅などとして使用される住棟は、東側からの火災に対応して開口部にシャッターと冷却のための散水設備を設け、避難者を防護するための避難ゲートにも散水設備を設置する。また防火・消火のためと生活のための用水を備蓄する。その他、管理運営施設として防災センター、再開発にあたって移転した中小の工場を集約した白鬚東共同利用工場などが併設されていた（図9）。

以上、一九七〇年代までの東京における都市再開発は、革新都政という政策主体と、地価高騰のなかでの民間主導の開発への批判と保守側の一定の自粛のなかで、防災拠点というかたちでのプロジェクトに収斂したのである。また経済政策面での都市再開発への依拠は、まだ必要なかったであろう。とはいえ、田中角栄は地方開発と都市再開発を方法としても差異化し、財政面での困難性のなかでスイッチ可能な政策として構想していたように思われる。「大綱」の路線は、のちの中曽根政権下での都市再開発政策につながっていくのであった（下村太一『田中角栄と自民党政治』）。

臨海副都心開発の時代

革新から保守へ

鈴木都政と大川端再開発の始動

一九七五年（昭和五〇）の知事選に辛くも勝利した美濃部亮吉であったが、第三期の都政運営は財政危機のなかで実に厳しいものがあった。都職員給与をめぐる交渉でも自己の支持基盤である都労連（東京都労働組合総連合）から糾弾される状況であった。七九年の都知事選には美濃部は出馬せず、革新候補としては総評議長であった太田薫（おおたかおる）が擁立された。対する自民党は、公明党・民社党などの協力のもとで鈴木俊一を立てた。鈴木は、元内務・自治官僚で東龍太郎都政時代に副知事として都政運営を担った人物である。その後は万国博覧会事務総長などをつとめ、今回の知事選に出馬し当選を果たした。

鈴木は、美濃部時代の財政赤字を都職員の定数削減、受益者負担の適正化、福祉の応能負担などの政策と、自治省との関係を生かした赤字債の発行などにより乗り切った。彼は都政運営の基本として「マイタウン構想」をうちだした。これはおもに戦後から高度経済成長期に東京に流入した人々が、長く東京に生活するなかで、ここが自分のふるさとであると感じられることを目指したスローガンであった。美濃部時代、人々は都行政による都市問題への対応に期待し、おそらく生活環境の改善は一定の程度進んだ。その後の都政を担った鈴木は、東京に定住する人々に向けた政策を展開しようとした。これから述べるように、鈴木都政の時代は臨海副都心を拠点とした都市再開発政策が展開されるのだが、それに先だち大川端(おおかわばた)地区再開発に取り組んだ。

図10　鈴木俊一（時事通信社提供）

すでに美濃部時代の一九七二年一一月、中央区再開発審議会が結成され「大川端作戦」が提案されていた。しかし美濃部時代に計画は進まず、鈴木都政になって大きく事態は変容していったという。鈴木は渡海元三郎(とかいもとさぶろう)建設大臣、中野四郎(なかのしろう)国土庁長官など政府関係者と会合を開き、大川端開発を進めていく（原剛『東京改造』）。こうして七九年一二月から東京都は、「大川端地区都市再開発基本計画調査」を国庫補助も受けて実施した。その結果、石川島、佃島の工場跡地と大規模倉庫の立ち並ぶ地域を総合的に再開発し、定住性のある市街地住宅の建設をはかり、また隅田川を都民に親しめる場にするために堤防を改良し、さらに公共公益施設の整備を行うことがうちだされた。八〇年の末には、マイタウン構想における「活力ある都市の基盤整備」対策の一つに位置づけられ、建設省もこの地域の整備を採択した。以後、「再開発構想案」と政府の援助を受ける佃地区について整備計画を作成した（「首脳部会議要録　大川端地区再開発基本構想について」）。

マイタウン構想の一環として

石川島、佃島地区は、近世から人々が生活を営む場所であり、石川島にはいわゆる人足寄場が置かれた。また、幕府は水戸藩に造船所を設置させた。これが明治中期に石川島造船所となり、のち一九六〇年（昭和三五）に石川島播磨重工業となった。佃島は、近世から小魚などを醬油・砂糖で煮た保存食（佃煮）がつくられ、住吉神社などとともに『江戸名所図会』にも登場する場所である。明治に入って、佃島に続くかたちで埋立事業が行われ、月島・晴海などが誕生していった。

石川島などの都市再開発計画が本格化する頃、石川島重工業佃工場の跡地などおよそ九・三五ヘクタールは、約三分の二が日本住宅公団（のち都市再生機構）に、残る約三分の一が三井不動産に売却された。以後、東京都、日本住宅公団、三井不動産が一体となって事業を進めていくこととなった。都は「大川端再開発構想」を作成し、将来の都心区再開発の一つのあり方を探るためとして、先の工場跡地を含む佃地区とその対岸にある新川地区、箱崎地区などにおいて三三〇ヘクタール（水面一〇〇ヘクタールを含む）の開発を企図した。これはマイタウンをめざす新しいまちづくりの一環であり、夜間人口の回復、水と緑の回復、コミュニティ形成がうちだされ、定住性ある居住空間をつくるものとされた。さらに都心部と東京港、臨海部を結びつける場所という位置づけも与えられた（「首脳部会議要録　大川端地区再開発基本構想について」）。

一九八二年、大川端地区整備計画が特定住宅市街地総合整備促進事業として、建設大臣の承認のもとで進められていく。この地区は東ブロック、北ブロック、西ブロックに分けられ、また水辺には公園・緑地が整備された。東ブロックでは東京都と住宅・都市整備公団が賃貸住宅を供給し、西ブロックでは三井不動産が分譲マンションを供給する（『三井不動産七十年史』）。リバーシティ21と命名されたこの地区には、八六年から超高層マンションが建ち並んでいく（図11）。この地域の建設に関しては住宅棟の共用施設には国と都が三分の一ずつ、公園・緑地・道路などについては国と都が半分ずつ用地と公費を負担した。さらに小中学校の建設などに地元中央区、実質的には都が支出していた。建設にあたっては容積率の大幅な緩和が行われた。補助金の交付や規制緩和の対象であったため、分譲・賃貸価格には「適正な水準」が設定されたというが、それでも相当な高値であった（原『東京改造』）。

図11　佃島から大川端リバーシティ21をのぞむ（2003年撮影）

再開発とコミュニティ

鈴木知事は、リバーシティ21の開発に関連して、今後の都市における住民同士が、従来の「ヨコ」につながる地域社会のあり方ではなく、高層マンションにみられる「タテ」のつながりをもつようになることを念頭に、従来の「ゲマインシャフト」的な住民のつながりから、「ゲゼルシャフト」的コミュニティへの移行を想定した。つまり血縁・地縁の社会が、見知らぬ他人同士の近隣社会になることは時代の流れなのだ。こうしたなかで「ふるさと東京」意識が喚起されることとなる（源川『東京市政』）。

一九八〇年代の「江戸・東京学」ブームは、戦災をくぐり抜けた東京の町並みが都市再開発などで変わっていくなかで、あえて過去の江戸・東京の姿が呼び起こされたという側面がある。九三年（平成五）に開館した江戸東京博物館も、建設の意図としては「マイタウン構想」と密接な関係をもつものといってよい。

のちに述べるが、一九八六年（昭和六一）に都心の港区赤坂・六本木地区では、民間ディベロッパー（森ビル）の手によって、アークヒルズが竣工している。これも七〇年代に計画され再開発が進められたものであった。そして、近辺の赤坂氷川神社にはアークヒルズ自治会の神輿が保管されているらしい。もともとこの地区に住んでいた住民が、再開発後にそのまま残ったわけではないだろうが、再開発後もコミュニティの再生産が試みられていったものと思われる。とりわけ都心の再開発においては、このようなコミュニティの再生産のためのしくみが意識的に埋め込まれていく。

図12　中曽根康弘（内閣広報室提供）

オイル・ショックののち、一九七〇年代の後半は自民党一党優位体制が野党の伸張によって揺らぐ「保革伯仲」といわれる政治状況がみられた。また七六年（昭和五一）には田中角栄元首相がロッキード事件で逮捕された。政治家個人としては政治の前面から退いた田中

世界の動きと中曽根内閣の誕生

であるが、大平正芳、鈴木善幸内閣の成立にも田中派の力が作用していた。さらに中曽根康弘内閣も「田中曽根」などと揶揄（やゆ）されたように、彼の影響力により誕生した。

一九七〇年代後半から八〇年代において世界的に、ケインズ主義的福祉国家が機能不全となり、イギリスのサッチャー政権、アメリカのレーガン政権にみられるように、「小さな政府」をめざして公営企業の民営化など市場原理の優位をはかる政策がとられた。サッチャーは、これまでの福祉国家政策を見直し、労働組合とも対決した。またアメリカは、ヴェトナム戦争で低下した世界の軍事大国としての威信を回復し、アフガン侵攻などもあいまって叫ばれたソ連の脅威に対抗する核軍拡を進めていった。

日本では一九八一年、臨時行政調査会が立ちあげられ行政改革が進められた。七〇年代に進んでいた国債への依存によって財政赤字が深刻化し、これの克服が課題となったのである。八二年一一月に誕生した中曽根内閣は、レーガン政権のもとにあるアメリカとの同盟関係をさらに強め、そのための防衛力拡充を進めた。さらに臨調行革を具体化して、電電公社（のちＮＴＴ）、専売公社（ＪＴ）、そして国鉄（ＪＲ）の民営化を実現していった。アメリカとの経済関係をみると、七〇年代から繊維など軽工業品において貿易摩擦が深刻化し、八〇年代には自動車をめぐる対立が進展した。同時に対米黒字が増大していた。アメリカは農産物の輸入や政府調達・サービス業などにおける自由化を要求し、また在日米軍に対する日本側の負担の増大を求めていく。中曽根内閣の時代は、以上のような国際的な経済関係、国内の財政事情が存在したのである。のちに詳しく述べる中曽根民活のもとでの都市再開発政策は、このような国内外の条件のなかで展開されたことが重要である。

日本プロジェクト産業協議会の展開

先に一九七〇年代における不動産協会などの動きにふれた。この時代は、地価高騰の一方で、不動産の取引によって利益をあげることへの批判が強まり、土地の公共性を重視することが強調された。とはいえ、七〇年代末には状況は変化していった。不動産協会は、これまでも都市再開発を進めるための法整備や税制上の措置を要求していたが、産業界を網羅して国土開発・都市再開発を進める主体として、七九年（昭和五四）一一月には建設・鉄鋼業などを中心として日本プロジェクト産業協議会（ＪＡＰＩＣ）が発足した。ＪＡＰＩＣは、のちに通産省・建設省・運輸省・国土庁が所管する社団法人となり、都市再開発政策などへの積極的な提言を行っていった。また国公有地利用、内需拡大のための開発事業などの促進などを求めた（平山洋介『東京の果てに』）。そして、八〇年春頃からＪＡＰＩＣにより提案された事業が実施されていくことになる。展開する事業としては、関西国際空港、東京湾横断道路、関越総合利水計画が選ばれた。

一九七九年に設立されたＪＡＰＩＣは、斎藤英四郎（新日鐵）が会長に、副会長には前田忠次（鹿島建設）が就任している。その初期において理事を送り出しているのは、鋼材、セメント、建設機械、ダムなどの業界団体、それに大林組などの大手ゼネコン、伊藤忠商事、川崎製鉄などである。そして八三年のＪＡＰＩＣ社団法人化の際には、不動産協会から江戸英雄が理事に就任し、その他全国銀行協会連合会、電気事業連合会、生命保険協会などからも理事が選出され産業全域にわたる人脈を網羅していくようになる（『ＪＡＰＩＣ　二〇年史』）。本協議会が立ちあげられた頃は、イラン革命のなかでの原油価格高騰により日本でも顕在化した第二次オイル・ショックの影響で、日本の経済が停滞し財政的にも厳しい状況にあった。ＪＡＰＩＣの認識だと、公共投資は昭和五四年（一九七九）度から同五七年度の四年間においては、昭和五三年度を下回る水準だったといい、建設業を中心に多くの中小企業が倒産する状況であった。他方、先にみた貿易摩擦解消の観点から、内需拡大が求められていたのである（『ＪＡＰＩＣ　一〇年のあゆみ』）。

実際、建設投資額は昭和五七、五八年度にマイナスとなり、建設冬の時代といわれたという。なおそれでも名目値はバブルを経た平成四年（一九九二）度まで上昇し、同九年度から下降を続け（『日本の姿を建設統計で見る　建設活動五〇年史と建設統計ガイド』）、リーマンショック後にボトムとなり二〇一〇年代に入って上昇傾向に転じるまで低迷した。この間、二〇〇二年からのちに述べる都市再生政策が本格的に展開していく。

中曽根内閣下の規制緩和と都市再開発

中曽根内閣が発足すると、まずは官庁の通達による規制緩和が進められた。一九八三年（昭和五八）二月には建設省通達「市街地住宅総合設計制度の新設について」により、総合設計制度における法定容積率のアップが認められたほか、同年七月には市街地調整区域の乱開発を防止する観点から定められた開発許可の条件が緩和され、大都市周辺部のミニ開発を促進することになった。さらに同じ七月には、建設省都市対策推進委員会が「規制の緩和等による都市再開発の促進方針」をうちだした（五十嵐敬喜・小川明雄『「都市再生」を問う』）。

また一九八三年二月末、建設省は「民間再開発の推進方策に関する研究会」を設置、七月末には省内に「民間活力導入検討委員会」をつくって検討を行った。そのなかで、西戸山の公務員宿舎跡地の再開発について検討され、民間企業五六社の共同事業として新宿西戸山開発株式会社がつくられて開発が始まった（大嶽秀夫『自由主義的改革の時代』、飯尾潤「中曽根民活政策」）。その後、国有地の有効活用を理由に、国鉄品川駅跡地、千代田区司法研修所跡地などの民間への払い下げもなされたのである。

これまで述べてきた都市における規制緩和政策には、経済政策上の背景があった。一九八三年四月五日には、経済対策閣僚会議で「今後の経済対策について」がうちだされた。国内需要の緩慢な伸び、輸出の停滞状況と生産活動の低調な推移というなかで、内需の拡大、それも民間の経済の活力でこれを行うことが主張された。具体的には金融政策の機動的運営、公共事業等の前倒し執行、住宅建設の促進、規制の緩和による民間投資の促進、中小企業対策、雇用対策、不況業種対策、調和ある対外経済などが掲げられた。そのために一連の規制緩和が行われたのである。都市中心部の高度利用のための第一種専用地域の見直し、市街地住宅総合設計制度の積極的普及・活用、都市再開発と住宅建設のための国公有地等の活用などである（「今後の経済対策について」）。

また同時期、中曽根首相は首相番の記者への会見のなかで、景気対策として各官庁に規制解除・自由化により民間の投資を増やすことを指示し（『中曽根内閣史　首相の一八〇六日』上、一九八三年三月一九日）、同月末には丸山建設事務次官を呼んで、「みみっちいことも言わずに規制を全部とっぱらってしまえと言った。山手線の中は五階までなら建てられるようにしろ」と述べ（同三月二九日）、建築基準法改正にも言及したという。中曽根内閣の法相には秦野章（はたのあきら）が就任する。ここに示される都心の再開発構想は、前章「高度経済成長と首都改造」でふれた七一年の都知事選挙の際の「秦野ビジョン」に通じるものがあろう。

一九八三年七月になると建設省は、土地の高度利用を目的とした都市再開発の推進をはかるため、前面道路規制（建物の敷地に面した道路の幅員によって、建築物の高さを制限する規制）の緩和、それに優良都市再開発事業の認定による税制上の優遇などを進めることを発表した。さらに民間資金の導入による公共事業の実施について、民間活力検討委員会（仮称）を設置し議論していくことになった（『朝日新聞』一九八三年七月七日、一一日）。

以上、一九八〇年代に入ってから政府レベルでは、景気浮揚の観点から都市の規制緩和が進められようとした。その主体は政府であるが、JAPICの活動にみられるように、政府の政策には財界からの強い支持があった。それに加えて『日本経済新聞』は、中曽根内閣成立後、いくつかのシリーズを組んで財界の路線を後押しする論陣を張った。中曽根内閣の誕生で、財界、メディアと政府による公共事業の再編と、経済政策との連動による都市再開発への要求が一挙に噴出していったわけである。

「民間版ニューディール」の開始

一九八三年（昭和五八）一月下旬には、まず三回にわたり「民間の出番　公共事業」という特集が組まれ、続く経済の停滞の一方、政府も財政危機にあるなかで、民間の活力を利用して道路や鉄道などの公共事業をよみがえらせ、また都市再開発に取り組むことが主張された。そこで登場したのが、「民間版ニューディール」というキャッチ・フレーズであった。同記事によれば、民間がこれまで大型プロジェクトに手を出さなかったのは、事業期間の長さにより借金が増えるためである。そのためにも金融の枠組を変えて中・短期資金を調達することが求められた（『日本経済新聞』一九八三年一月二六日）。三月下旬には、欧米の事例が紹介される特集が組まれ、シカゴでの保険会社が融資する貨物ヤードの上の再開発事業や、ロンドンのドックランズにおけるプロジェクトをはじめ、バイオテクノロジー都市、テレポート（後述）などの事例が紹介された（『日本経済新聞』一九八三年三月二四日、二五日）。

また事業に取り組む仕掛け人として、都市行政にかかわる民間企業出身者の手法などが取りあげられた。例えば、ニューヨーク副市長を紹介しながら、日本では住民の反対で事業が遅れることがあるが、アメリカでは民間のプロジェクトを行政が評価し、実現に向けて突っ走るしくみがあると述べられた（『日本経済新聞』一九八三年三月二七日）。さらに鉄道や道路上空の空間を有効利用するための空中権の設定、それに民間主導で事業の効率化をはかる官民の協調体制が推奨された（『日本経済新聞』一九八三年三月二八日、三〇日）。

さらに中曽根内閣の動きをみながら、五月下旬から六月上旬にかけての『日経』には、「始動民間版ニューディール」が一〇回にわたり連載された。ここでは、財政に依拠した公共事業は限界にあり、また国民のニーズに十分応えられないとされ、他方で民間ディベロッパーの都市再開発の動きを評価する（『日本経済新聞』一九八三年五月二三日）。そして再生の道は規制緩和により切り開かれること、法改正による開発銀行の資金の活用の重要性が指摘され、民間主導の再開発に積極的な自治体の取り組みが紹介された。最終回では、民間版ニューディールが、公共的プロジェクトを官主導から官民協調に切り替えることで、日本経済を支えるしくみを変革するものであると強調された。また従来、政治が農村部への公共事業を重視してきたこと、言い換えれば農村が都市のスネをかじってきた悪習を断つことにもつながるという。さらに再開発の際に権利主張をする借地・借家人に対する「弱者の衣を着た強者」という批判も行っている（『日本経済新聞』一九八三年六月六日）。

規制緩和による再開発への批判

以上のような、中曽根政権に呼応したマスコミの論調は、ＪＡＰＩＣにみられる財界の動きともあいまって、政府の政策を後押ししていくことになる。他方、こうした官民協調の事業の展開に対しては、厳しい批判の目も向けられていた。すでに一九八三年八月には、民間のシンクタンクである自治体問題研究所が資料集を刊行し、政府やＪＡＰＩＣに関する資料、そして先の『日経』記事を収録するなどして、開発規制の緩和と民間投資促進が人々の生活や国・自治体に与える影響を指摘し、さらには、この政策が日本の経済・社会全体をどのようにつくり替えようとするのか、という疑問と危機感をあらわしている（『資料集　財界の都市改造戦略』）。

このような声は、規制緩和が進むなかでの都市政策の批判として表明された。都市計画・住宅問題の専門家である早川和男は、建設省の進める各種規制の緩和により、民間借家居住者に対する「底地買い屋」による追い出しが行われている現状を批判し、建築学者・法律学者・弁護士などによる、規制緩和措置反対の声明があげられていることを指摘していた（早川「都市再開発の悲劇は始まっている」）。

鈴木都政の臨海副都心開発

以上のような政府による規制緩和と都市再開発が進められるなかで、東京都も都市再開発に積極的に取り組むようになった。以後、東京の都市再開発は政府、東京都、自民党、民間企業の連携により進められていく（町村敬志『「世界都市」東京の構造転換』）。

テレポート構想のはじまり

東京都の掲げた代表的なプロジェクトが一九八五年（昭和六〇）頃から企画されたテレポート構想であった。現在、りんかい線（東京臨海高速鉄道）に東京テレポート駅がある。また臨海副都心と竹芝にあるオフィスやテナントの入ったテレコムセンター、台場他のフロンティアビルなどの管理運営にあたる株式会社東京テレポートセンターという会社も存在する。これは第三セクターとして、東京都などの出資によってつくられたものである。ではテレポートとはいったい何なのか。

もともとテレポートとは、通信衛星を利用して電波を受送信するパラボラ・アンテナを備えた地上局及び通信情報を処理するコンピューター施設、並びに電気通信事業者や情報処理関連企業などからなるオフィスビルを建設し、大量の情報を迅速に低コストで供給する高度情報通信処理基地である（『テレポートについて』）。国際間の遠距離通信の需要が大きくなり、通信衛星を利用した情報交流が求められる。個々の企業が情報処理部門を必要とするが、コスト的に既成市街地ではこうした施設を確保するのが難しく、また電波障害もあるので、臨海部での展開が必要なのである。すでにテレポート施設は、ニューヨークのマンハッタン島や、ロンドンのドックランズで設置が進められていた。前者の場合、マンハッタン周辺の情報回線の混雑解消とニューヨーク市からの企業の転出を防いでいくことが目的であった。ドックランズは、ロンドン港のドック跡地の再開発プロジェクトの一環であった。ここは一九九〇年代にかけて、都市間競争のなかでの世界都市建設の拠点として再開発が進められた（川島佑介『都市再開発から世界都市建設へ』）。

このようにテレポート建設は、インナーシティ問題を抱えたニューヨーク、ロンドンの

図13　東京テレポート完成想像図（『東京の都市計画百年』〈東京都都市計画局総務部相談情報課，1989年〉より転載）

都市の再生をはかる構想のなかから出てきた。東京の場合、そういう文脈とは異なっていた。それはともかく、一九八五年七月には、東京テレポート構想検討委員会が本格的に検討を開始し、八七年三月に最終報告が行われた。そのなかでテレポートは、高度情報通信基地を備えた国際都市東京のインテリジェント・ビジネスセンターとして位置づけられたのである（図13）（『東京テレポート構想検討委員会最終報告』）。

中曽根民活と臨海副都心

一九八六年（昭和六一）一一月の東京都第二次長期計画は、一三号埋立地（台場、青海など）を中心とした地域を「国際化、情報化に対応した未来型の副都心」と述べ第七番目の副都心として位置づけた。他方、中曽根内閣は先にみたように、都市再開発を民間活力の利用によって推進していたが、臨海副都心を内需拡大のための民活の拠点としようとした。中曽根内閣が進めた政策は、行政改革審議会で出された答申を実践するかたちをとっていた。八五年七月の答申では産業への規制は最小限にとどめる方針がうちだされ、内閣は情報通信（電気通信）の自由化、金融の自由化、都市・住宅整備と民間活力の利用、運輸事業の規制緩和、基準・認証・輸入プロセスの改善を進めた（「規制緩和と民間活力」）。

かくて一九八六年九月には、中曽根内閣の金丸信（かねまるしん）副総理、天野光晴（あまのみつはる）建設大臣をはじめとした関係閣僚が、鈴木都知事の案内で海上から臨海副都心を視察した。これがテレポート・タウン計画に東京都を駆り立てるきっかけとなったという（原『東京改造』）。鈴木都政側からすれば、政府が、これまで都が進めてきたテレポート構想をはじめ臨海副都心開発の主導権を奪う動きとして認識されたという（塚田博康『東京都の肖像』）。

政府は一九八六年に、民間事業者の能力の活用による特定施設の整備の促進に関する臨時措置法（民活法）を制定し、民間の資金的、経営的能力を活用するため、税制等の呼び水的な政策支援を開始した。そして建設省、通産省などが臨海副都心などを念頭に置いて、テレポート等を整備しこれを「国際情報型地域開発基盤施設」として位置づけ、国際化と

図14　臨海副都心（2018年撮影）

情報化に対応したビジネスゾーンを創出するための検討を行った（「『港湾の利用の高度化を図るため』を『都市における港湾の利用の高度化を図るため』に修文する理由」一九八七年二月二七日）。そして八七年五月には民活法の改正により、これらの政策を実現していった。

政府に対抗する東京都

しかし鈴木知事をはじめ東京都の側は、民活を掲げて臨海副都心開発の主導権を握ろうとする政府をけん制して、あくまでも都が主体となった開発を維持しようとした。その過程で、臨海副都心の開発計画の対象となった面積は大きく膨張する。当初の都の計画ではテレポートとして四〇ヘクタールを開発する予定であったが、一九八七年（昭和六二）三月のテレポート構想検討委員会の最終報告では九〇ヘクタール以上となり、さらに同年六月に臨海副都心開発基本構想が策定されると、面積は四四〇ヘクタールに広がったのである。

さらに一九八九年（平成元）には、世界都市博覧会の開催と連動した東京フロンティア構想に発展していった。構想の拡大は開発の費用も大きくしていった。先のテレポート構想検討委員会最終報告では、総工費は一兆八九〇〇億円であったが、経済の停滞がみられるようになっていた九一年一一月の時点で、民間分を含む総開発費が八兆円まで膨張していた（塚田『東京都の肖像』）。この時期、東京都は第三次長期計画において、東京フロンティアの開催を決定した。これは世界都市博覧会として構想されていたもので、九四年に実施される予定であった。景気後退と税収の落ち込みが始まるなかで同博覧会は、最終的には中止となるのだが、構想から中止にいたる過程については、あらためて次章「低成長と首都改造の再編」で扱うことにする。

地価高騰と土地基本法の制定

バブル経済の様相

一九七〇年代末以後の日本経済は、第二次オイル・ショック後の景気後退を経験し、その後八三年（昭和五八）春から回復し景気拡大をみせた。しかし八五年九月のプラザ合意により政策的にドル以外の通貨の上昇がはかられ、円の急騰が進んでいく。それは日本の景気拡大にもマイナスに作用した。このような円高のもとでの景気後退にもかかわらず、対外収支の面では黒字が拡大した。これは経済収支不均衡の是正のための政策を必要とした。すなわち内需拡大（住宅対策・都市再開発事業、所得増加など）、産業構造の転換、市場アクセス改善と製品輸入促進、国際通貨価値の安定と金融自由化などである（三橋規宏・内田茂男『昭和経済史　下』）。中曽根内閣の規制緩和政策は、これを念頭に置いたものであった。

その後、景気は一九八七年なかばから回復をみせていく。住宅建設が回復をリードしたといわれる。同年一〇月のブラックマンデー（世界的な株の暴落）を経て、景気の上昇は続き、消費・設備投資に牽引されながら長期・大型のものとなった。株価も八六年から大幅な高騰が始まり、八九年末のピークまで昇り続けた。地価も八五年から顕著に上昇をみせ、特に東京圏の地価は八八年にかけて急騰していったのである。

こうした地価・株価の高騰は、資産価格のなかで経済の実体を超えて上昇した部分をともなった。これがバブルであった（野口悠紀雄『バブルの経済学』）。円高のもとでは輸入価格が下落し、その分国民の消費が増えるはずなのだが、現実には生産と流通の担い手に吸収された。それは企業の収益を増大させるが、その利潤は設備投資ではなく、いわゆる「財テク」に向けられた。金融自由化によって自由金利商品を利用することで、生産を行うことなしに多くの利益をあげられたのである。また株式市場の活況により、大企業などでは新株の発行などによるエクイティ・ファイナンスが行われ、多くの資金が流入する。これが土地への投資に向けられた。他方、大企業が資金調達を銀行よりも証券によって行うようになると、銀行は資金の貸付先に困り、中小企業や不動産業にその対象を広げた。

特に不動産業への融資が大幅に増加した。これもまた土地の投機的売買につながったのだという。

東京から全国に広がった地価高騰には、以上のような背景があった。また株価の押しあげに関していうと、この時期「ウォーターフロント」に関連する銘柄が大きな人気を得たということも指摘されている。ウォーターフロントに土地をもつ企業、東電、東京ガス、石川島播磨などから大川端再開発、天王洲再開発関連の企業も対象となった。さらに川崎・横浜、幕張などの開発に関連した企業にも広がっていった（平本一雄『臨海副都心物語』）。さらに都市再開発の推進が地価上昇を呼び、「地上げ」の横行を招くような状況が生まれていった。

与党内での中曽根民活批判

バブル経済により人々が高揚感に酔っているなかで、地価高騰は大都市において庶民のマイホーム取得の夢を遠のかせていた。その意味で、地価の高騰は同時代においても批判にさらされていた。また重要なことは、自民党のなかからも中曽根民活とその影響に対する厳しい批判が生まれていたことである。東京選出の衆議院議員である大塚雄司（おおつかゆうじ）は、一九八七年（昭和六二）一月の『中央公論』に論説を発表し、当時進められていた新宿区西戸山の公務員宿舎跡（国有地）を民間ディベロッパーに払い下げて開発を進めるプロジェクトを公然と批判した（大嶽『自由主義的改革の時代』）。開発にあたる業者には、中曽根への政治献金を多く出している不動産資本があり、またこうした国有地の競争入札による払い下げが地価高騰の原因になっているという。

そして中曽根が組閣当初から進めてきた、規制緩和による都市再開発の推進そのものをも批判したのである（「緊急直言　地価高騰『中曽根民活』の虚構を衝く」）。ただし大塚は、規制緩和それ自体は否定せず、公共施設の整備を行う者に対して思い切った緩和を行うべきであるとしていた。さらに「国土の均衡ある発展」のための分散と地方振興についての提言の必要性を主張した。さらに翌月にも同誌上において、中曽根内閣が進めようとしている臨海副都心開発の問題点を指摘し、またこの時期の国公有地放出は、国民の住宅建設には結びつかないことをあらためて強調している（「『中曽根民活』は虚構だ　第二弾」）。

自民党議員間の論争

これに対して、自民党の与謝野馨（よさのかおる）が同誌上で反駁を試みた（「大塚論文〝中曽根民活批判〟を駁す」）。彼によれば、民活は地価を凍結させる効果があるという。またそもそも大塚が批判する国有地の競争入札は民活ではなく、不要な財産を民間の営利事業に払い下げただけで、公共的分野での活用は期待されていない。さらに地価高騰の理由は、銀行の不動産業への融資によるものであり、今回、税制改正により土地を二年以内に転売した者の利益は没収されることになるので、地価は下がるとの安藤太郎（住友不動産会長）の言葉を引いていた。

さらに与謝野は、臨海部では大幅な容積率の緩和によって都心型住宅の供給をはかるべきであること、日本経済は産業空洞化と貿易不均衡に対応するため、民活による内需型安定成長をはかっていくことが必要だと述べた。このように、規制緩和による高層化の推進は、税制改正などもあいまって地価を引き下げていくという観点から民活路線を擁護するものであった。中曽根派の与謝野は、大塚と同一の選挙区から選出されているのであり、中選挙区制のもとでの自民党議員同士の論争である。

民活が地価高騰に与えた影響は、自民党内部からも批判を受け、また中曽根内閣の正史においても、ネガティブな評価がなされている。すなわち、この時期の地価高騰は、日本経済の構造的変化、急激な国際化・情報化にともなう東京への一極集中、それに対応した土地需要の逼迫を主因とするが、地価高騰をここまで広範・急速に広げたのは金融緩和のなかでの地価上昇の動きに乗じた投機と投資の集中である。そしてこの背景にあるのは、土地購入を急ぎ、その保有のメリットを享受しようとする個人・企業の行動を引き起こした行政の現状なのだと（「規制緩和と民間活力」）。

地価高騰のなかの政治過程

自民党内での以上のような土地問題をめぐる対立を背景に、一九八七年（昭和六二）に入って竹下登幹事長らを中心に、土地の私権への制限に言及する動きがみられ、七月には臨時行政改革推進審議会に地価対策、土地問題が諮問され、八月に土地対策検討委員会（土地臨調）が設置された。同組織は三八回の会合をもって、一〇月には「当面の地価等土地対策に関する緊急答申」が、そして八七年一一月に発足した竹下登内閣のもとで、翌年六月には「地価等土地対策に関する答申」が策定された。そこでは、いくつかの基本的考えが示された。土地の所有には利用の責務がともなうこと。土地利用において公共の福祉が優先されること。土地利用は計画的になされるべきこと。開発利益は、社会的公平のため一部を社会に還元すること。土地の利用と受益に応じ社会的負担を公平に負うこと、というものであった。そして先の「当面の地価等土地対策に関する緊急答申」のあと、緊急土地対策要綱が閣議決定されていた（大嶽『自由主義的改革の時代』）。

土地臨調の審議が行われる一方で、社会党、公明党、民社党、社民連の四野党は土地基本法の制定を行うべく検討を始めていた。同法案は一九八八年五月に国会に提出されるが、竹下内閣もこれを追うかたちで、土地臨調の答申をもとにして、国土庁に対して法案の作成を命じた（大嶽『自由主義的改革の時代』）。これは八九年春に国会に出される。この間、八八年夏からリクルートコスモス社の未公開株をめぐり政治問題化し、八九年四月には、竹下首相のパーティ券を同社が購入していた問題が、政局を揺るがしていった（六月に竹下内閣は総辞職）。七月には参院選で自民党が敗れ、社会党が第一党になった。

政府と野党の土地基本法案

では、あらためて土地基本法の制定過程と内容についてまとめておきたい。まず社会党など野党が共同提案で、一九八八年（昭和六三）五月に提出した。その後、一九八九年（平成元）六月、第一一四回国会において政府提出の土地基本法案と、先の野党による法案の審議が開始された。

政府案は、地価高騰が国民の住宅取得を困難化させ、社会資本整備に支障をきたし、資産格差を拡大して社会的不公平感を増大させるという認識のもと法案を準備したと率直に述べた。そのなかで、土地についての基本理念を定めて、国、地方公共団体、そして事業者及び国民の責務を明確にし、施策の基本事項を定めて適正な土地利用の確保をはかり、適正な需給関係のもとでの地価形成に資する見地から土地対策を総合的に推進するという。

そして土地に対しては、公共の福祉のため、特性に応じた制約が課されるべきであるとの基本理念を定めるとうたわれた。また国などの責務を明確にし、土地利用計画策定・土地取引の規制等に関する措置・社会資本整備に関連する利益に応じた適切な負担などを定めることとした。さらに首相の諮問機関である土地政策審議会を設置し、総合的かつ基本的な施策に関する事項等の調査・審議を行わせるとされた（「衆議院議事速記録」一九八九年六月一五日）。

対する野党四党案は、東京一極集中を発端とする地価高騰が、住宅価格・家賃・税額の上昇を引き起こし、住宅取得の困難化と公共投資の費用増大、それに資産格差拡大をまねいたと批判する。さらに利権による汚職が発生し、経済の退廃をもたらしたことが強調される。

そのなかで本法案は、次の考えを有するという。土地利用は公共の福祉を優先する。土地を投機的取引の対象としない。土地利用計画は関係住民の意見が十分反映され、かつ自然環境の保全等に十分留意されなければならない。国及び地方公共団体は、居住環境の良好な宅地供給を促進する措置を講じる。国は地価形成及び課税適正化に資するため、土地評価制度の一元化をはかる。地方公共団体は良好な都市環境の計画的整備を促進するため、公有地拡大を推進する。さらに適正な地価形成及び社会的公平を確保するため、土地の増価益を社会に還元する。また同法案は、野党連合政権に向けた統一政策の第一号であると位置づけられたのである（「衆議院議事速記録」一九八九年六月一五日）。

政府提出の土地基本法案は、審議のうえ、参院での修正を経て衆院で可決された。また、国土利用計画法改正についても野党（第一一一回国会に提出）及び政府から提案がなされ、土地基本法案とあわせて議論された。これは地価の監視区域内の土地取引について、利用目的の不明瞭な場合、取得してから二年以内に転売する場合、既存の都市計画と一致しない利用の場合、さらに公共施設の整備などを妨げる場合においては、知事がその土地の売買契約中止を勧告できるというものである（『朝日新聞』一九八九年一二月一三日夕刊）。

土地基本法の効力をめぐる対立

新聞は、土地基本法は「宣言法」であり、不動産売買についての金融機関の過度の融資を規制するなどの実効策に結びつけることが課題であり、具体策まで踏み込まないと地価抑制の効果は少ないとの指摘もある、と報じた（『朝日新聞』一九八九年一二月一五日）。実際に同法が制定される過程をみていくと、同法の効力をどの程度のものにするかをめぐって、さまざまな対立があったことがわかる。

先に述べた土地臨調（臨時行政改革推進審議会土地対策検討委員会）委員でもあった

ジャーナリストの本間義人は、土地基本法制定の考え方として、①従来の土地に関する実定法について、基本法に抵触するものは一切の効力を停止させる、②従来の法律の効力には一切影響を及ぼさず、単に理念を示すだけとする、③その中間的な位置という三つのものがあるという。その上で、地価暴騰は地上げ等の一部の違法行為によりもたらされたものを除き、既存の法律からすれば合法的なものであるから、他の実定法を拘束するほどの強力な効果がなければならない。しかし、国土庁は当初から土地基本法を②のような考えのもの、つまり「宣言法」とすることを志向したという（本間義人「土地基本法の全体像」）。

そのことは、法案の作成過程を断片的にみていくなかでも確認できる。一九八八年一二月に行われていた、国土庁長官の私的諮問機関である土地基本法に関する懇談会では、経団連から開発利益還元、受益者負担という考え方を盛り込むことに強い反対がみられたのである（「土地基本法に関する懇談会」第二回、第三回など）。また、政府法案作成の時期である八九年三月に行われた国土庁土地政策課による、他の官庁関係者に対する土地基本法案の説明会の史料がある。ここにおいても政府法案の基本的な考え方は、これが理念に関する法律であり、国民・社会の認識を変えることが目的であると強調されていた（「土地基本法についての基本的な考え方」）。

鈴木都政時代は臨海副都心開発以外にも、超大型開発が行われた。その筆頭が有楽町にあった都庁を、西新宿に移転させるプロジェクトであり、他にも東京都立大学の移転、江戸東京博物館の新設があった。

都庁移転などのプロジェクト

もともと有楽町にあった都庁が移転したのは一九九一年（平成三）三月であり、その四月からは西新宿で都庁の業務が行われた（図15）。七〇年代から都庁移転の議論が行われていたが、鈴木都政の時代になり「シティ・ホール」の建設が検討された。八五年（昭和六〇）八月には東京都シティ・ホール建設計画基本構想がうちだされ、新宿地区に都庁舎を、有楽町地区に東京国際フォーラムを建設することが決定した。設計競技で採用されたのは、先にも登場した建築家の丹下健三（たんげけんぞう）であった。

移転先の地区は、新宿西口の側に広がる場所で、明治期に淀橋浄水場が設けられていた。一九五八年に首都圏整備計画で新宿が副都心に位置づけられ、のち新宿副都心の再開発が進められることになる。そのため浄水場は移転し、民間企業からなる新宿新都心開発協議会が開発を担った。七一年には、超高層ビルである京王プラザホテルが完成し、以後続々とビルが建設され、都庁の移転で副都心開発はとりあえず完了した。第一本庁舎が四八階（二四三・四メートル）、第二本庁舎が三四階（一六三・三メートル）、それに七階建ての都議会議事堂であ

る。建設費は約一五六九億円であった（『新都庁舎建設誌』）。

都立大移転も、都庁移転と同時に行われた。目黒区八雲と世田谷区深沢に位置した都立大は、一九七〇年代に立川基地跡地への移転を希望していた。その後八一年、鈴木都政のもとで大学の移転が位置づけられ、立川移転も含めて検討されたが成功しなかった。八六年七月、都立大評議会で「東京都立大学移転計画基本構想」が承認され、一一月には庁議にかかり由木平地区（八王子市南大沢）に移転が決定した。八八年八月末に新キャンパスの建設工事が始められ、九一年四月までに南大沢への全面移転が完了した。同年一月から始まった引っ越しは、機械・機器・什器、図書、薬品類、文書・資料類、標本や実験等に用いる動植物等の厖大な量を一気に運ぶというものであった。三月には研究用のショウジョウバエ（系統別に分類・保管された大型試験管約二万

図15　東京都庁（『東京都環境白書　2018』より転載）

本といわれる）の搬送が行われ、マスコミでも大きく報道された（『東京都立大学五十年史』）。

江戸東京博物館は、すでに鈴木都政三年目の一九八一年に、建設のための懇談会が発足して検討が始まり、八五年には建設が決定した。「マイタウン構想」では、高度な発展を遂げている巨大都市東京に、生活の場として光をあて直し「ふるさと」を再生するという目的が掲げられた。そこでは「安心して住めるまち」、「いきいきと暮らせるまち」、「ふるさとと呼べるまち」がうたわれた。また音楽、演劇などの鑑賞や創作活動のための芸術文化会館、江戸・東京の文化を保存し継承するためとして江戸博が構想されていた（「東京都長期計画　マイタウン東京」）。こうして江戸博は九三年三月、両国駅に近い台東区横網に開設された。なお資料収集は昭和五七年（一九八二）度から開始された（『江戸東京博物館　江戸東京たてもの園　二〇年のあゆみ』）。これで鈴木都政時代の大型プロジェクトに、一つの区切りがつけられた。

これらの事業は、一九八〇年代後半の日本経済の拡大とそれによる都税収入の増加に支えられていた。だが都庁などの移転が行われたのち、バブル経済の崩壊もあいまって、平成三年（一九九一）度を境として、のちには都税収入は減少する。これが、先にふれた世界都市博構想にも大きな影響を与えた。総じて首都改造の事業も、新しい局面を迎えていくのである。

低成長と首都改造の再編

世界都市博覧会の中止

世界都市博構想のはじまり

東京都は世界都市博覧会（東京フロンティア）を一九九四年（平成六）に開催することに決定した（のち九六年に変更となる）。都としては、この博覧会の推進により東京テレポート・タウンの建設をはかり、またこれと連携した区部・多摩でのイベントの開催により、東京の新しい都市づくりを促進することを意図していた。メインテーマは「都市・躍動とうるおい」であり、九四年四月から二〇〇日間開催される予定であった。

さかのぼると、一九八八年（昭和六三）九月に立ちあげられた東京ルネッサンス企画委員会が、江戸東京四〇〇年記念事業と銘打って、これを、人間性を重視した新しい文化・

環境づくりの創造的活動として位置づけていた。新たに東京世界都市博覧会基本構想懇談会が設置され、建築家である丹下健三（たんげけんぞう）を中心にプランが検討され、八九年七月に基本構想ができあがった。そして実行に移す組織として、翌年には東京フロンティア協会が発足した。

世界都市博の位置づけは、おおよそ次のようなものだった。この時期に深刻化していた東京への一極集中を念頭に置きながら、広域的観点から業務核都市の整備をはかるなどして適切な機能分担を行う。また東京テレポートなどの整備により、国際情報交流拠点を形成する。さらに職住のバランスがとれた多心型都市づくりを一層推進することがうたわれ、臨海副都心建設はその最重要課題として位置づけられたのである（『世界都市博覧会－東京フロンティア―構想から中止まで―』）。

世界都市博の見直しから中止へ

臨海副都心開発の経費は、開発規模の拡大にともなう建設費の高騰などがあいまって大きく膨張した。これに対しては都議会のなかでの批判が強くなっていった。一九九一年（平成三）二月の都議会に世界都市博の事業予算と臨海副都心開発の費用を含む予算案が提案されたが、企業公募の選定過程に対する質問や、東京フロンティアの実施が予定どおり行えるのか、などの論点で紛糾した。こうして臨海副都心開発事業予算と、一般会計のなかの臨海関係予算は否決されてしまう（平本『臨海副都心物語』）。続く六月には都庁内に再検討委員会が設けられ、住宅供給数、スケジュールの見直しが決定し、都市博の開始を九四年四月から九六年四月に延期することになった。計画見直しの時期、バブルに浮かれた日本経済に陰りがみえ、それが東京都の財政にも深刻な影響をもたらすようになっていった。

四期一六年の長きにわたり都知事をつとめた鈴木俊一は、一九九五年四月の都知事選には出馬せず、内閣官房副長官などを歴任した石原信雄が、自民党、社会党などに支持されて立候補した。これに対して、放送作家でありタレントとしても有名な参議院議員の青島幸男が出馬して、その知名度を生かしつつ選挙費用をかけないことを強調しながら独自の選挙戦を展開した。そして青島は石原に四〇万票以上の差をつけて当選したのである。鈴木の第四期目の選挙で、鈴木自身が自民党本部からの支持を得ることができず、同党東京都連などに推されるかたちで立候補した。その選挙で鈴木は自民党本部が推した磯村尚徳（いそむらひさのり）などを下して圧勝していたので、ポスト・革新自治体の時代にあっても、自民党の支持を受けた候補が落選するというのはめずらしくはない。

青島は選挙公約に世界都市博の撤回を掲げており、知事当選後の四月下旬には開催予定地の視察を行った。また東京フロンティア推進本部は知事への説明と説得を行うが、五月の都議会で青島は、公約どおり中止の意思を表明した。都議会では自民党などを中心として、中止にともなうさまざまな影響を考えて結論を出すべきであるとの意見表明があった。世論に配慮したのか玉虫色の決議である。そして同月三一日には中止が正式決定したのであった。

青島都政と「生活都市」

青島都政の掲げたスローガンが「生活都市」であった。その背景にある考え方は次のとおりであった。東京は清潔で活気に満ちた大都市として発展し、人々の暮らしも大きく向上し、内外から多くの人や情報が交流し、世界でも重要な役割を果たすようになった。とはいえ、住宅や生活環境の質は十分とはいえず、経済状況に変化がみられるなかで、働く場や産業活動の場が確実に保証される状況ではない。こうした現状を前提として、生活に目を向け質の高い生活を実現するために、経済を活性化し、まちをつくり変え、東京の活力を高め、「生活都市東京」の実現を目指すというわけである。そのため、ゆとりと豊かさを求める生活者の視点、自主的・自立的に行動する生活者の視点、参加し提案する生活者の視点をもつ必要があるとする。

つづいて、不安を感じることなく、希望をもって暮らすため、災害・犯罪対策、高齢者や障害者への対策を推進すると述べる。ここでは特に一九九五年（平成七）一月の阪神・淡路大震災を念頭に置いた政策が強調される。また生活の基礎的条件である都市基盤の整備を推進するという（『東京都総合三か年計画』）。またこの時期、景気後退への対応が行政の大きな課題になっており、それに対する施策をうちだすことも、青島都政の課題であった。臨海副都心の再開発に関連しては、首都圏の新たな空港のあり方を検討することなどが述べられた。

青島都政は、鈴木都政時代にみられたような、都市改造を積極的に進める姿勢ではなかったようにみえる。とはいえ青島都政の方針のなかでも、都心部および周辺の定住人口の回復と、特色ある副都心の育成をはかり、職住の近接と良好なコミュニティの維持・回復を行うことが強調された。さらに環状二号線（新橋—虎ノ門）地区、北新宿地区の再開発、汐留地区の区画整理事業などが位置づけられていた（『東京都総合三か年計画』）。石原都政時代に副知事をつとめる青山佾（あおやまやすし）は、のちの回想で、青島時代において「都心の活性化」が公に標榜できるようになったとしている（『石原都政副知事ノート』）。青島都政のもとでは鈴木都政を引き継いで、都市における中心を分散させる多心型都市づくりが強調されているようにみえるが、次の時代を規定する方向性という意味で、ここで述べられた都心の活性化政策は見過ごせない。

バブル崩壊と不良債権問題

先に臨海副都心開発の行き詰まりの背景として、一九九〇年代の景気後退にふれた。九〇年（平成二）に入ると株式、債券、円の値下がりがみられ、同年後半に地価が下落し始め、九一年にはその傾向は顕著となった。戦後においては、オイル・ショック後の七五年（昭和五〇）に地価下落を経験していたが、それ以外ではじめての出来事だった。地価下落にともない、投資用に売買されていたワンルーム・マンションや、バブル期を象徴する商品としてのゴルフ会員権などの価格も下落し、不動産業だけではなく地価の値上がりを前提に不動産投資を行っていた企業が大きな打撃を受けることになった。おまけに、株取引が活発に行われるなかで、証券会社が損失補償をしていた事実や、銀行融資をめぐる問題も明るみに出て、金融機関への信頼が大きく揺らいでいった（野口『バブルの経済学』）。

不動産取引が大きく落ち込んでいくなかで、一九九一年末には不動産関連融資総量規制の解除、公定歩合の引き上げがなされた。これも金融機関や不動産業の救済を目的としたものだったという。バブルの時期、不動産業が購入した土地の多くは、それを転売して利益を得ることが目的であった。地価が下がれば元の価格以上には売れないであろうし、土地を入手する際の借金の利子が重くのしかかっていく（野口『バブルの経済学』）。こうして土地の不良債権化が生じ、融資を行った金融機関は、資金の回収が不可能となったのである。

これがバブル崩壊後の日本経済と土地政策を大きく規定した。東京では、青島都政が誕生した一九九五年、信用組合の経営破綻問題が発生した。コスモ信組はバブル期に担保にした不動産が不良債権化していただけでなく、その不動産を競売にかけ子会社などに高額で落札させて、表面上不良債権が解消したかのようにみせかせる「飛ばし」を行っていた（「参議院金融問題等に関する特別委員会」一九九六年六月一一日）。青島知事はコスモ信組の一部業務停止などを命令し、また都費を投入して救済をはかる案を公表した。これは青島が都知事選に出る際に、世界都市博の撤回とともに公約として掲げたこと、すなわち他の二つの信用組合への都からの資金投入をしないという政策と矛盾する。そのことは、青島都政の求心力を弱める結果となったといわれる（塚田『東京都の肖像』）。矛盾した要求に翻弄されながら、経済の停滞と財政悪化により臨海副都心開発全体の見直しが行われる。そして世界の都市をめぐる新しい動きも、この時期に顕在化していくのである。

世界都市への夢

世界都市博の中止に続き、青島都政は臨海副都心開発自体をどうするかという決断を迫られていた。地価の下落は賃貸料の引き下げを余儀なくさせるから、開発事業が黒字に転化する時期は大幅に遅れることになる。

臨海副都心開発の見直し

さらに誘致した企業のなかには景気の後退で辞退の申し出をするものもあり、ビル着工もいくつかが見送られた（塚田『東京都の肖像』）。

一九九五年（平成七）九月には臨海副都心開発懇談会が設置され、審議のうえ、翌九六年四月に最終報告が行われた。当初から知事の方針がはっきりしないこともあり、審議会での最終的な結論は二つの意見の併記となり、それに委員の個人的意見もつくというかたちになった。まずA意見は、現在の臨海副都心における業務機能の集積は必要であるが、若干の規模縮小を行い、マルチメディア拠点、未来型産業拠点の育成を行うというものである。土地処分の方法も長期貸与を原則としつつ、売却と定期借地を導入するという。

そしてB意見は、すでにこの開発が都民だけでなく都政担当者や都市計画の専門家にも支持されていないことを前提に、都が適当な時期に見直しをしなかったことを反省すべきとした。開発の目玉商品であったオフィスは余剰傾向にあり、また情報化の進展があまりに早い。光ファイバー網によってインターネットにつなげば、テレポートのようにたくさんのパラボラ・アンテナを立てて情報を集約し、そのまわりに企業を集めるという方式をとらなくてもよい。これが情報化戦略であるという時代は過ぎ去ったのである。さらに開発の方式については、ディベロッパー型開発方式が継続不可能になったという。

今後は「補都心」として、緑豊かなオープン・スペース、環境共生の街を構築し、防災機能を補い高めることがうたわれた。また職住接近の都市居住の場、都心にかわり東京の未来を支える産業の苗床をつくり、商業のシステムに風穴をあけ、国際社会に求められる自由で創造的な社会システムを実現するとされた（『臨時副都心開発懇談会最終報告』）。

その後一九九六年六月には、都の見直し方針がうちだされ、収支均衡の時期を大幅に遅らせることや、副都心の一部について利用方法のアイデアを募集することなどがうたわれた。すでに東京国際展示場、東京ファッションタウン、東京テレポートセンターなどが建設されており、多額の借金があるなかでの再編方針であった（塚田『東京都の肖像』）。以後も開発にからむ財政状態は悪化の一途をたどり、これは石原都政に引き継がれる。

以上、鈴木都政時代からの夢であった世界都市化の構想は挫折した。その要因は景気の動向に左右される財政状態の不安定性にあった。それだけではなく、B意見において述べられた情報技術の急激な変化が背景にあった。インターネットの普及で、臨海副都心にテレポートを設置し、そこで情報を集約するという方式が意味のないものとなった。情報自体は東京の都心でなくても、全国どの地域でも集約可能である。その意味で、東京都の世界都市構想は挫折したのである。

グローバル・シティの衝撃

とはいえ、グローバル・シティという名のもとで世界の大都市が競争に駆り立てられるようになり、特定の大都市の狭い範囲に資本投下が集中するようになるのは、ちょうど一九九〇年代の時期であった。このような都市のあり方を理論化したのが、サッセンの議論である（サッセン『グローバル・シティ』）。前提として世界経済の構造変化により、かつての有力産業の中心地が、米、英、日本（東京、大阪などの工場地帯）でも解体していく。その一方で第三世界のいくつかの国で産業化が進行し、かつ金融業の急激な国際化がみられ、世界中で取引できるネットワークが形成されていく。

こうして世界には、経済活動、特に金融取引の場が地理的に拡散するという方向性と、他方グローバルな動きが特定の場所に統合される方向性が強まっていく。そのため大都市の新しい戦略的役割として、①世界経済を組み立てる指令塔が密集すること、②金融セクター・専門サービスセンターにとって重要な場となること、③②のような産業のイノベーションの場となること、そして④産み出された製品とイノベーションが売買される場となること、が必要である。このような課題を実現する独特の場所として、グローバル・シティが機能する。

さらにグローバル・シティ内部の経済秩序についていえば、ここには生産の場として特異な位置が与えられる。すなわち、専門サービス（国際的法律サービス、会計・経営コンサルティングなど）や、金融イノベーションとその市場が創出される場である。しかし以上のような経済発展は、限られた都市のみで行われ、他の都市は衰退せざるをえない。またこうした都市の成長は、国民国家レベルの成長とは必ずしも結びつかない。そしてこれらの変化が社会秩序に与える影響は大きい。つまり、かつてのように製造業の成長が賃金上昇をもたらし、社会の不平等を緩和させるというのではなく、職業分布と所得分布の二極化がみられていく。こうして都心は、高所得者向けの住宅街の整備（ジェントリフィケーション）と商業地再開発が進行する。

ここでグローバル・シティとされるのは、ニューヨーク、ロンドン、東京である。その一方で工業生産の中心であった都市（デトロイト、リバプール、大阪など）はますます脱中心化していくであろう。サッセンの議論が東京の実態に当てはまるのかどうかという点については、都市社会学者のなかでさまざまな議論があるが、東京の変貌をとらえる上での枠組みとして有益な点が多い。また一度挫折した東京の世界都市構想であるが、その後の展開をみると東京の都心区に経済の拠点が集中していく動向がみてとれるのであり、それは単なる情報の集積という役割だけでなく、先にみた大都市の新しい戦略的役割との関連で、説明がつくように思われる。

世界の都市の変貌
―アメリカの都市

ニューヨークなどアメリカの都市は、一九三〇年代にエンパイア・ステート・ビルをはじめとした高層ビルが建ち並ぶようになり、第二次世界大戦後には、都市再開発とハイウェイの建設が行政主導でさらに進められた。六〇年代には、女性のジャーナリストであるジェーン・ジェイコブスのように独自の都市論を背景に運動を展開し、上からの再開発を押しとどめる動きもみられたことはよく知られている。

また同じ頃、アメリカの大都市では、アーバン・リベラリズムと呼ばれる都市の政治のあり方がみられた。ケネディの後をついだジョンソン政権の時期、外ではヴェトナムへの軍事介入を進める一方、国政においては「偉大な社会」を掲げて、貧困問題や人種差別問題を克服するべく力を入れていた。ニューヨークでは一九六六年、リンゼイ（当初は共和党）が市長となって都市問題に社会政策的に対応しようとした。以後、ニューヨーク市政は、ビジネスとの協働を維持しながら福祉などの都市社会政策を推進した。

アーバン・リベラリズムは、経済成長を実現しつつ労働者の権利保護・社会福祉政策を推進する考えであった。一九七〇年代後半には、リベラリズムに対抗的な言論活動を行っていたI・クリストルなどの唱えるネオ・コンサーヴァティズムによって激しく攻撃された。またアーバン・リベラリズムは再分配を重視した政策をとったものの、人種的公正などには十分対応できなかったといわれる。さらに財政状態の悪化を招き、社会政策の展開とビジネスへの環境整備という二つの課題を全うすることは難しくなっていった

吉川弘文館

新刊ご案内　2020年2月

〒113-0033・東京都文京区本郷7丁目2番8号　振替 00100-5-244（表示価格は税別です）
電話 03-3813-9151（代表）　ＦＡＸ 03-3812-3544　http://www.yoshikawa-k.co.jp/

ユネスコの世界文化遺産に登録された平泉の魅力に迫る

『内容案内』送呈

平泉の文化史 全3巻

菅野成寛監修

各二六〇〇円

Ｂ５判・本文平均一八〇頁
原色口絵八頁

奥州藤原氏歴代が築き上げた岩手県平泉は、固有の文化として世界文化遺産に登録された。中尊寺金色堂や柳之御所、無量光院等の調査成果を、歴史・考古・美術の諸分野をクロスオーバーして紹介。平泉文化圏の実像に迫る。

刊行開始！

❶平泉を掘る 寺院庭園・柳之御所・平泉遺跡群

及川　司編

遺跡から掘り出された、中世の平泉。奥州藤原氏歴代の居館・柳之御所遺跡、毛越寺に代表される平安時代寺院庭園群、平泉の仏教文化に先行する国見山廃寺跡などの発掘調査成果から、中世平泉の社会を明らかにする。本文一九二頁
（第１回配本）

【続刊】

❷平泉の仏教史 歴史・仏教・建築
菅野成寛編
（６月発売予定）

❸中尊寺の仏教美術 彫刻・絵画・工芸
浅井和春・長岡龍作編
（９月発売予定）

モノのはじまりを知る事典 生活用品と暮らしの歴史

木村茂光・安田常雄・白川部達夫・宮瀧交二著　四六判・二七二頁／二六〇〇円

私たちの生活に身近なモノの誕生と変化、名前の由来、発明者などを通史的に解説。人がモノをつくり、モノもまた人の生活と社会を変えてきた歴史がわかる。理解を助ける豊富な図版や索引を収め、調べ学習にも最適。〈2刷〉

宗教者…。さまざまな生涯を時代と共に描く大伝記シリーズ

通巻300冊達成！

四六判・カバー装
平均300頁
系図・年譜・参考文献付

日本歴史学会編集

第11回(昭和38年)菊池寛賞受賞

阿倍仲麻呂

森　公章著

(通巻298)二五六頁／二一〇〇円

奈良時代の遣唐留学生。官人として玄宗皇帝に仕え、李白・王維ら文人とも交流。帰国の船が漂流して再び唐に戻り、異国の地で帰らぬ人となる。特異な境遇を冷静に見つめ、日唐関係史のなかに位置づけた確かな伝記。

経覚

酒井紀美著

(通巻299)三二八頁／二三〇〇円

室町中期の僧侶。興福寺の大乗院門跡として大和国支配に力を注ぐが、将軍足利義教と対立。国内武士の争いにも積極的に参加し、二度の没落を経験する。応仁の乱も記録した日記『経覚私要鈔』から、波瀾の生涯を描く。

徳川家康

藤井譲治著

(通巻300)

四五六頁／二四〇〇円

江戸幕府を開いた初代将軍。人質時代から三河平定、信長との同盟、甲斐武田氏との攻防、秀吉への臣従、関ヶ原の戦いと将軍宣下、大御所時代まで、七五年の生涯を正確に描く。神君として顕彰され、さまざまな逸話が事実のごとく創出されるなど、バイアスのかかった家康像から脱却。一次史料から浮かび上がる等身大の姿に迫る。巻末に、全行動が辿れる「家康の居所・移動表」を付載。

日本の歴史を彩る人びと。政治家・武将・文化人・

人物叢書

ルイス・フロイス

五野井隆史著

（通巻301）三三六頁／二三〇〇円

戦国末期に、ザビエルの衣鉢をつぎ来日したイエズス会宣教師。畿内・九州各地でキリスト教を宣教。日本人の文化・習俗に精通し、『日本史』『日欧文化比較』を執筆。当時の社会を知る上で貴重な記録を残した生涯を描く。

二条良基

小川剛生著

（通巻302）三五二頁／二四〇〇円

南北朝期の関白。北朝の首班として多くの危機に奮闘、室町将軍と提携して公武関係の新局面を拓く。連歌集『菟玖波集』を編み、能楽を庇護して、室町文化の祖型を作る。毀誉褒貶を集める内面と、活力溢れる生涯を描く。

徳川秀忠

山本博文著

（通巻303）三〇四頁／二二〇〇円

父・家康と息子・家光の間に挟まれ、あまり目立つことのなかった第二代将軍。武功はないものの、年寄による合議制や大名統制など、幕府の支配を磐石にした。秀忠独自の政策や政治手腕を分析し、その人物像に迫る。

【別冊】人とことば

日本歴史学会編

二六〇頁／二一〇〇円

天皇・僧侶・公家・武家・政治家・思想家など、日本史上の一一七名の「ことば」を取り上げ、言葉が発せられた背景を読み解きつつ、その意義を生涯と合わせ簡潔に叙述する。人物像の見直しを迫る「ことば」も収録。出典・参考文献付。

日本の古墳はなぜ巨大なのか

古代モニュメントの比較考古学

国立歴史民俗博物館・松木武彦
福永伸哉・佐々木憲一 編

古代日本に造られた膨大な古墳。その傑出した大きさや特異な形は社会のしくみをいかに反映するのか。世界のモニュメントと比較し、謎に迫る。古代の建造物が現代まで持ち続ける意味を問い、過去から未来へと伝える試み。

A5判・二七二頁・原色口絵八頁／三八〇〇円

卑弥呼と女性首長（新装版）

清家　章著

邪馬台国の女王卑弥呼と後継の台与。なぜこの時期に女王が集中したのか。考古学・女性史・文献史・人類学を駆使し、弥生〜古墳時代の女性の役割と地位を解明。卑弥呼が擁立された背景と要因に迫った名著を新装復刊。

四六判・二五六頁／二二〇〇円

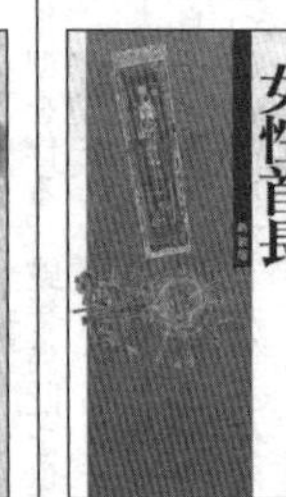

「王」と呼ばれた皇族

古代・中世皇統の末流

日本史史料研究会監修・赤坂恒明著

〈2刷〉

日本の皇族の一員でありながら、これまで十分に知られることのなかった「王」。興世王、以仁王、忠成王など有名・無名のさまざまな「王」たちを、逸話も交えて紹介。皇族の周縁部から皇室制度史の全体像に初めて迫る。

四六判・二八六頁／二八〇〇円

鎌倉時代論

五味文彦著

四六判・四四八頁
三二〇〇円

鎌倉時代とは何だったのか。中世史研究を牽引してきた著者が、京と鎌倉、二つの王権から見た鎌倉時代の通史を平易に叙述。さらに、著者の貴重な初期の論文など六編も収める。『吾妻鏡の方法』に続く、待望の姉妹編。

城割の作法
一国一城への道程

福田千鶴著

戦国時代、降参の作法だった城割(しろわり)は、天下統一の過程で大きく変容する。信長から家康に至る破城政策、福島正則の改易や島原・天草一揆を経て、「一国一城令」となるまでの城割の実態に迫り、城郭研究に一石を投じる。

四六判・二八八頁／三〇〇〇円

戦国大名北条氏の歴史
小田原開府五百年のあゆみ
〈2刷〉

小田原城総合管理事務所編・小和田哲男監修

A5判・二四八頁・原色口絵四頁／一九〇〇円

十五世紀末、伊勢宗瑞(早雲)が小田原に進出。氏綱が北条を名乗ると、小田原を本拠に屈指の戦国大名に成長した。氏康～氏直期の周辺国との抗争・同盟、近世小田原藩の発展にいたる歴史を、図版やコラムを交え描く。

映し出されたアイヌ文化
英国人医師マンローの伝えた映像

国立歴史民俗博物館監修・内田順子編

A5判・一六〇頁／一九〇〇円

明治期に来日した英国人医師マンローは、医療の傍ら北海道でアイヌ文化を研究し、記録した。伝統的な儀式「イヨマンテ」、道具や衣服、祈りなどの習俗を映画・写真資料で紹介。アイヌの精神を伝える貴重なコレクション。

日本史を学ぶための図書館活用術
辞典・史料・データベース

浜田久美子著

四六判・一九八頁／一八〇〇円

日本史を初めて学ぶ人に向けて、図書館にある辞典や年表、古代・中世史料の注釈書などの特徴と便利な活用方法をわかりやすく解説。データベース活用法も交えた、学生のレポート作成をはじめ幅広く役立つガイドブック。

歴史文化ライブラリー

●19年11月〜20年2月発売の7冊

四六判・平均二二〇頁　全冊書下ろし

人類誕生から現代まで／忘れられた歴史の発掘／常識への挑戦／学問の成果を誰にもわかりやすく／ハンディな造本と読みやすい活字／個性あふれる装幀

490 明智光秀の生涯〈3刷〉

諏訪勝則著

本能寺の変の首謀者。前半生は不明だが、足利義昭や織田信長に臣従して頭角をあらわす。連歌や茶道にも長け、織田家中随一の重臣に上り詰めながら、なぜ主君を襲撃したのか。謀反の真相に新見解を示し、人間像に迫る。

二五六頁／一八〇〇円

491 神仏と中世人　宗教をめぐるホンネとタテマエ

衣川　仁著

中世人は富や健康、呪咀などの願望成就を求め、寺社は期待に応えて祈りを提供した。人々は神仏にいかに依存し、どう利用したか。期待と実際とのズレから民衆の内面に迫り、現代の「無宗教」を考える手掛りを提示する。

二二四頁／一七〇〇円

492 戦国大名毛利家の英才教育　元就・隆元・輝元と妻たち

五條小枝子著

戦国大名毛利家に関する膨大な文書から、元就・隆元・輝元の妻たちに光を当てる。夫婦関係や子どもへの細やかな愛情表現を明らかにし、家臣への心配りや婚家との架け橋など、書状から見えてくる毛利家の家族観に迫る。

二四〇頁／一七〇〇円

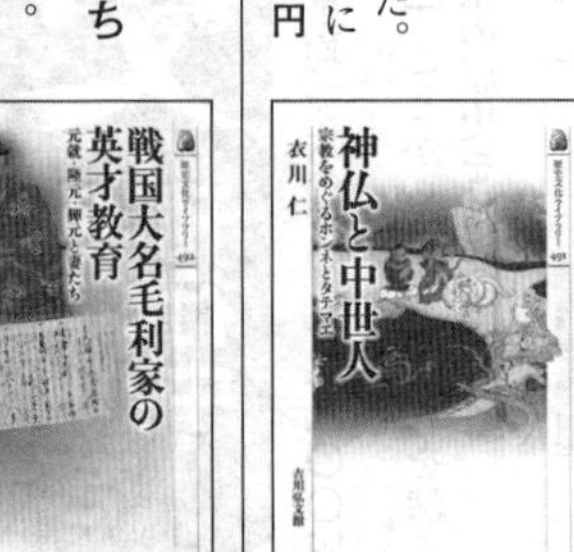

493
大地の古代史
土地の生命力を信じた人びと
三谷芳幸著

古代の人びとは、大地とどのように関わっていたのか。地方と都の人たちの大地をめぐる豊かな営みや、土地へのユニークな信仰を追究。「未開」と「文明」の葛藤をたどり、日本人の宗教的心性のひとつの根源を探り出す。

二二〇頁／一七〇〇円

494
鎌倉浄土教の先駆者 法然
中井真孝著

ひたすら念仏を唱えれば往生できると、庶民救済の道を開いた法然。近年発見された法語集や著作『選択本願念仏集』から生涯を辿り、思想と教えの特徴を読み解く。鎌倉時代の仏教に多大な影響を与えた等身大の姿に迫る。

二二四頁／一七〇〇円

495
敗者たちの中世争乱
年号から読み解く
関 幸彦著

武士が台頭しその力が確立するなか、多くの政変や合戦が起きた。鎌倉幕府成立時の「治承・寿永の内乱」から戦国時代の幕開け「享徳の乱」まで、年号を介した十五の事件を年代記風に辿り、敗れた者への視点から描く。

二五六頁／一八〇〇円

496
松岡洋右と日米開戦
大衆政治家の功と罪
服部 聡著

日米開戦の原因をつくった外交官として、厳しく評価されている松岡洋右。しかし、現実の彼は日米戦争回避を図って行動していた。その狙いはなぜ破綻してしまったのか。複雑な内外の政治状況を繙き、人物像を再評価。

二四〇頁／一七〇〇円

新装復刊

継体天皇と即位の謎〈新装版〉

大橋信弥著

四六判・二三二頁／二四〇〇円

継体天皇は応神天皇五世孫なのか、王統とはつながらない地方豪族だったのか。出自をめぐる問題、擁立勢力と即位の事情などを、今城塚古墳の発掘成果や息長氏との関わりを交え解明。謎に包まれた実像を探った名著を復刊。

中国古代の神がみ〈新装版〉

林　巳奈夫著

四六判・二八〇頁／三二〇〇円

中国古代、豊作の源として太陽が最も崇敬された。天の四方神、青い龍・赤い鳥・白い虎は星座に起源する。北極星は「帝」即ち殷周青銅器の獣面紋として崇められた。豊富な図版を交え知られざる神がみの世界に迫った名著。

水洗トイレは古代にもあった〈新装版〉

—トイレ考古学入門—

黒崎　直著

A5判・二六八頁／一九〇〇円

古来、人々はどうウンチを処理していたのか。発掘成果と文献・絵画をもとに、縄文から戦国まで各時代のトイレ事情を解明。なおざりにされてきた日本の排泄の歴史を科学する「トイレの考古学」。注目作を新装復刊！

王朝貴族の病状診断〈新装版〉

服部敏良著

四六判・二七二頁／一九〇〇円

平安時代の文学・日記に記されている病気を詳細に解説。さらに、冷泉・花山・三条などの天皇、藤原道長・実資など多くの公卿の病状を現代医学にあてはめて的確に診断する。王朝貴族の実生活を解明した比類なき名著。

史伝　後鳥羽院〈新装版〉

目崎徳衛著

四六判・二七二頁／二六〇〇円

異例の幸運によって帝位につき、天衣無縫の活動をしながら、一転して絶海の孤島に生を閉じた後鳥羽院の生涯を描き出す。和歌の才能など多芸多能な側面にもふれ、その生き生きとした人間像に迫った名著を新装復刊。

戦国のコミュニケーション
―情報と通信―〈新装版〉

山田邦明著

四六判・二九六頁／二三〇〇円

「一刻も早く援軍を…」。戦国大名たちはいかにして遠隔地まで自らの意思や情報を伝えたのか。口上を託された使者、密書をしのばせた飛脚たちが、命をかけて戦乱の世を駆け抜ける。中世情報論を構築した名著を新装復刊。

中世のうわさ
―情報伝達のしくみ―〈新装版〉

酒井紀美著

四六判・二四八頁／二六〇〇円

新聞やテレビ、インターネットなどなかった中世社会、「うわさ」は重要な情報伝達手段だった。殺人事件や悪党蜂起、事実無根の流言…。広く飛び交った「うわさ」を丁寧に分析。新たな中世情報論に挑んだ意欲作を復刊。

暮らしの中の古文書
〈新装版〉

浅井潤子編

A5判・一九二頁／一九〇〇円

出生・学問・奉公・成人・結婚…。江戸時代後期に生きた人々が暮らしの中で綴った古文書を読み解き、その実際の姿と社会状況を描く。収載した古文書は写真とともに翻刻し、平易に解説。初めて古文書を学ぶ人に最適。

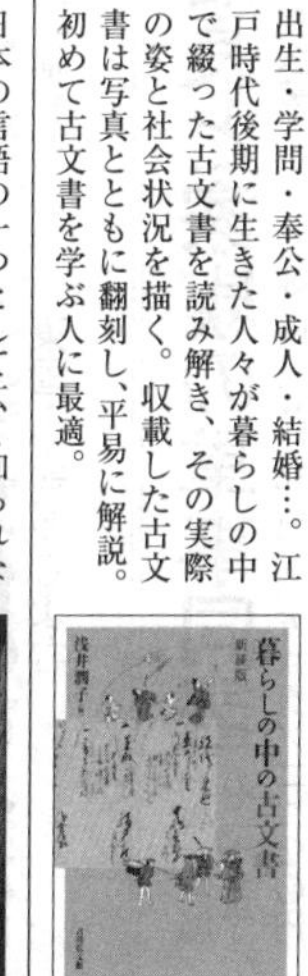

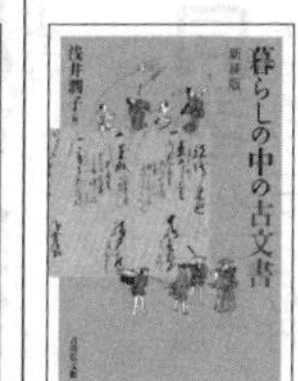

アイヌ語の世界
〈新装普及版〉

田村すゞ子著

A5判・二八八頁／三五〇〇円

日本の言語の一つとして広く知られながら、具体的な内容はよく知られていないアイヌ語。その文法・系統・口承文学をわかりやすく解説。金田一京助らアイヌ語研究者の思い出も収める。不朽の名著を装い新たに復刊。

戦争に隠された「震度7」
―1944東南海地震・1945三河地震―〈新装版〉

木村玲欧著

A5判・二一六頁／二〇〇〇円

太平洋戦争末期、東海地方を襲った二つの巨大地震。戦時報道管制下、地元紙＝中部日本新聞は何をいかに伝え、役割を果たしたのか。被災者の体験談を紹介し、防災教育の促進と意識向上を呼びかける。注目作を新装復刊。

縄文時代の植物利用と家屋害虫 圧痕法のイノベーション

小畑弘己著

B5判・二七〇頁／八〇〇〇円

縄文土器作成時に混入されたタネやムシの痕跡を、X線を用いて検出する新たな研究手法を提唱。発見された資料をもとに植物栽培や害虫発生のプロセスを読み解き、縄文人の暮らしや植物・昆虫に対する意識を探り出す。

日本古代の交易と社会

宮川麻紀著

A5判・二九六頁／九五〇〇円

律令国家は都城を支える流通経済の仕組みをいかにして作り上げたのか。東西市と地方の市に注目し、管理方針の違いを考察。また交易価格の検討から地方経済の実態を究明する。「実物貢納経済」の実像に迫った注目の書。

古代の漏刻と時刻制度 東アジアと日本

木下正史著

A5判・四〇八頁／一一〇〇〇円

古代ではいかにして時を計っていたのか。『日本書紀』にみえる漏刻跡である飛鳥水落遺跡を検証し、日本・東アジアの漏刻・時刻制度を論究。飛鳥の歴史や宮都の解明に大きな意義を持つ、日本古代の時刻制度の基礎的研究。

室町・戦国期の土倉と酒屋

酒匂由紀子著

A5判・二八〇頁／八五〇〇円

従来、京都「町衆」の代表的存在で、金融業を専らとする商人と位置づけられてきた土倉・酒屋。『蜷川家文書』『八瀬童子会文書』などを読み解き、新たな「土倉・酒屋」像を提起。室町・戦国期の京都の社会構造を再検討する。

中世仏教絵画の図像誌 経説絵巻・六道絵・九相図

山本聡美著

A5判・四八八頁・原色口絵一六頁／八五〇〇円

中世日本では、漢訳仏典を淵源とする図像が世俗の文学や伝承とも結びついて多義的な意味と霊性を獲得した。地獄・鬼・病・六道輪廻・死体など、仏教的罪業観に基づく図像を取り上げ、各々の成立と受容の歴史に迫る。

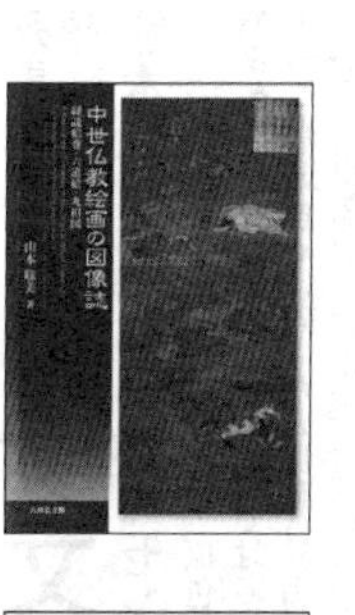

中世やまと絵史論

髙岸　輝著

A5判・四二八頁・原色口絵一六頁／一〇〇〇〇円

やまと絵は中世絵画の基盤であり、社会を映し出す鏡であった。絵巻・肖像画・仏画・障屏画など多岐にわたる作例を分析し、視覚による世界把握の変化を探るとともに、絵師や流派による表現の展開を追った注目の書。

戦国末期の足利将軍権力

水野　嶺著

A5判・二八〇頁／九〇〇〇円

従来、看過されがちであった足利義輝・義昭ら戦国期の将軍や幕府。近年多くの論考が発表され深化した研究成果を整理し、義昭と信長の関係を再検討。足利将軍の視点から、戦国・織豊期における将軍権力の実態に迫る。

近代皇室の社会史 側室・育児・恋愛

森　暢平著

伝統的な婚姻・子育てを残していた皇室が、なぜ「近代家族」化したのか。一夫一婦制、「御手許」養育、恋愛結婚などの実態を検討。大衆化する社会情勢、メディア報道と連関させ、時代に順応していく皇室に迫る新たな試み。

A5判・三九〇頁／九〇〇〇円

文化遺産と〈復元学〉 遺跡・建築・庭園 復元の理論と実践

海野　聡編

失われた歴史遺産を再生する復元はいかに行われるのか。古代から現代における国内外の遺跡や建物、庭園、美術品の復元を検討。文化財・文化遺産の保存・活用が求められるなか、復元の目的や実情、課題に迫る意欲作。

A5判・三四四頁／四八〇〇円

芦田均と日本外交 連盟外交から日米同盟へ

矢嶋　光著

戦後、吉田茂の軽武装論に対立し、再軍備論を唱えた芦田均。外交官時代の経験から得た国際政治観と敗戦までの変化など、政治的足跡から彼の再軍備論を内在的に分析。戦後日本の外交路線の形成と対立の諸相を考察する。

A5判・三三四頁／九〇〇〇円

大学アーカイブズの成立と展開 公文書管理と国立大学

加藤　諭著

教育・研究機関として発展してきた大学には、運営などに関する多くの資料が存在し、日本の文書管理制度の一翼を担ってきた。各国立大学の事例を挙げて、日本における大学アーカイブズの真の意義や可能性を解明する。

A5判・四二四頁／一一五〇〇円

豊臣秀吉文書集 第六巻 文禄二年〜文禄三年

名古屋市博物館編

朝鮮渡海を前に秀吉は、戦況の停滞を脱すべく在陣諸将を督励していた。明との和平交渉が進む一方、国内では秀頼誕生、大仏殿上棟、伏見城普請など、新たな展開を見せる。軍勢の一部帰国を命ずるまで、七二六点を収録。

A5判・二七六頁／八〇〇〇円

永青文庫叢書 細川家文書 島原・天草一揆編

熊本大学永青文庫研究センター編

A4判・二四〇頁・原色別刷図版一六頁／二三〇〇〇円（第Ⅱ期第2回）

熊本藩は島原・天草一揆に最前線で対応した。蜂起の様子や、対する大名同士の連携、城攻めに向けた人員動員と物資調達、戦後処理、地域復興などがわかる細川家関連史料を、未公開のものも含めて収録した待望の史料集。

松尾大社史料集 記録篇四

松尾大社史料集編修委員会編

A5判・七二二頁／二〇〇〇〇円

●近刊

※書名は仮題のものもあります。

卑弥呼の時代（読みなおす日本史）
吉田　晶著
四六判／二二〇〇円

テーマでよむ日本古代史 政治・外交編 社会・史料編
佐藤　信監修・新古代史の会編
A5判／価格は未定

清和天皇（人物叢書304）
神谷正昌著
四六判／二〇〇〇円

現代語訳 **小右記** ⑩大臣闕員騒動
倉本一宏編
四六判／価格は未定

中世の富と権力 寄進する人びと（歴史文化ライブラリー497）
湯浅治久著
四六判／一七〇〇円

東国の中世石塔
磯部淳一著
B5判／価格は未定

肥前名護屋城の研究 中近世移行期の築城技法
宮武正登著
B5判／一二〇〇〇円

永青文庫にみる細川家の歴史
公益財団法人永青文庫編
四六判／価格は未定

鶴屋南北（人物叢書305）
古井戸秀夫著
四六判／価格は未定

石に刻まれた江戸時代 無縁・遊女・北前船（歴史文化ライブラリー498）
関根達人著
四六判／一八〇〇円

近世最上川水運と西廻航路 幕藩領における廻米輸送の研究
横山昭男著
A5判／価格は未定

首都改造 東京の再開発と都市政治（歴史文化ライブラリー500）
源川真希著
四六判／価格は未定

皇紀・万博・オリンピック 皇室ブランドと経済発展（読みなおす日本史）
古川隆久著
四六判／価格は未定

戦国史研究 第79号
戦国史研究会編
A5判／価格は未定

大好評のロングセラー発売中！

日本史年表・地図
児玉幸多編
B5判・一三八頁／一三〇〇円

世界史年表・地図
亀井高孝・三上次男・林　健太郎・堀米庸三編
B5判 二〇六頁 一四〇〇円

日本人は、何を、何のために、どのように食べてきたか？

日本の食文化 全6巻

小川直之・関沢まゆみ・藤井弘章・石垣　悟編

食材、調理法、食事の作法や歳事・儀礼など多彩な視点から、これまでの、そしてこれからの日本の〝食〟を考える。『内容案内』送呈

四六判・平均二五六頁／各二七〇〇円

1 食事と作法　小川直之編
人間関係や社会のあり方と密接に結びついた「食」を探る。

2 米と餅　関沢まゆみ編
腹を満たすかて飯とハレの日のご馳走。特別な力をもつ米の食に迫る。

3 麦・雑穀と芋　小川直之編
乾燥に発酵、保存の知恵が生んだ食。「日本の味」の成り立ちとは。

4 魚と肉　藤井弘章編
沿海と内陸での違い、滋養食や供物。魚食・肉食の千差万別を知る。

5 酒と調味料、保存食　石垣　悟編
乾燥に発酵、保存の知恵が生んだ食。「日本の味」の成り立ちとは。

6 菓子と果物　関沢まゆみ編
味覚を喜ばせる魅力的な嗜好品であった甘味の歴史と文化。

「令和」を迎え「平成」を網羅した十四年ぶりの増補新版！

日本史総合年表 第三版

加藤友康・瀬野精一郎・鳥海　靖・丸山雍成編　一八〇〇〇円

旧石器時代から令和改元二〇一九年五月一日に至るまで、政治・経済・社会・文化にわたる四万一〇〇〇項目を収録する。便利な日本史備要と詳細な索引を付した画期的編集。国史大辞典別巻

四六倍判・一二九二頁

定評ある日本史年表の決定版

事典 日本の年号

小倉慈司著　四六判・四五四頁／二六〇〇円

大化から令和まで、二四八の年号を確かな史料に基づき平易に紹介。年号ごとに在位した天皇、改元理由などを明記し、年号字の典拠やその訓みを解説する。地震史・環境史などの成果も取り込んだ画期的〈年号〉事典。

令和新修 歴代天皇・年号事典

米田雄介編　四六判・四六四頁／一九〇〇円

令和改元に伴い待望の増補新修。神武天皇から今上天皇までを網羅し、略歴・事跡、各天皇の在位中に制定された年号等を収める。皇室典範特例法による退位と即位を巻頭総論に加え、天皇・皇室の関連法令など付録も充実。

(Brinkley)。

一九七〇年代、都市財政危機のなかで、アメリカの大都市は起債に依拠する財政となっていた。そうしたなかで格付け会社の査定が大きな意味をもつようになり、これが自治体運営の方向づけを行うようになった。ニューヨークでもたとえば格付け会社のムーディーズが、市当局の採用する伝統的なケインズ主義や労働組合へのシンパシーが市財政構造の未来にとって脅威となるというような助言をすることもあった。そして、市の財政運営は金融・保険・不動産（FIRE：finance, insurance, real estate）の産業基盤形成を重視するものとなっていったという（Hackworth)。

ジュリアーニ以後のニューヨーク

長く続いた民主党市政にかわって、一九九三年に共和党からニューヨーク市長となったジュリアーニは、検事出身であり厳しい犯罪対策と行財政の改革を進めていった。行財政に関しては、部局統廃合・職員削減を行い、また減税により企業が市外に出ていかないようにした。さらに公的扶助受給者に対して、その要件を厳しくし、受給者の自立をはかっていく政策をとった。これは行政が、監督的な立場から公的扶助受給者を管理するものであり、「新しいパターナリズム」と呼ばれる（西山隆行「アメリカの福祉国家と都市政治」)。

また以前からニューヨークは、犯罪の多い街という認識が一般的であった。アーバン・リベラリズムは、貧困対策、特にアフリカ系住民への社会政策的対応によって犯罪の克服を行おうとした。ネオ・コンサーヴァティズムの視点からは、福祉こそがそれへの依拠を生み出すのであって、暴動も福祉給付の増大にともなって増加するのだという（Kristol）。犯罪の街というイメージは、白人の中間層の郊外への移転をもたらし、都市中心部をスラム化させるとされた。ジュリアーニは、破れた窓をそのままに放置しない、すなわち小さい犯罪を見逃さないことが、より大きな犯罪を防止するとして、犯罪対策に力を入れていった。ジュリアーニの後は、通信・放送事業などのビジネスを営むブルームバーグが市長職をついだ。

その後、二〇一四年民主党のデブラシオが就任した。アフリカ系の女性を妻に持ち、富裕層を優遇する政策を批判して市長となった彼は、業者が再開発事業を行う際に減税措置を受けた場合は、一定割合のアフォーダブル・ハウジングを建設することを義務づける政策を展開した。これは所得に応じて適正な価格で住まわせる住宅であり、ブルックリンなど低所得のエスニック・マイノリティが暮らす地区に建設することが想定された。だがこの政策は下層の人々を対象とするものにならず、むしろジェントリフィケーションを進めエスニック・マイノリティを排除するものになってしまっているという（森千香子「移民の街・ニューヨークの再編と居住をめぐる闘い3」）。この事例は、FIREに規定された市政のあり方が構造化されるなかで、これを打ち破るためのアーバン・リベラリズムの復活を念頭に置いた施策の展開が、困難な現状を示しているのではないか。

ウィーンの事例

ヨーロッパの都市、特に社会民主主義的政策をとっていた都市も、一九八〇、九〇年代には大きな変化をみせる。その背景には社会主義体制の崩壊、市場経済化の進行、グローバル化の波という相互に関連する要因があり、それらが重点を変えながら都市のあり方に作用しているものと思われる。

ここではひとつの事例として、オーストリアのウィーンを取りあげる。同国は第二次世界大戦後、永世中立国として旧西側と東側との間で独自の役割を果たしてきた。また戦後のオーストリアは、社会党（のち社会民主党）と国民党（人民党とも訳す）のもとで資本主義経済を前提とした福祉国家を構築していた。そこでは経営者団体や産業団体と労働組合が、生産・物価・賃金のあり方について協議し決定するシステム（ネオ・コーポラティズム）が機能し、また政権党もこのシステムに依拠しながら安定した政治を行うことができた。国や自治体の諸機関あるいは公営企業などにおいても、その運営にあたる組織のポストが政党に比例配分されたのである。

ウィーンは第一次大戦による帝国の解体と共和制の成立のもとで、社会民主主義政党が行政を担い、福祉や公営住宅政策などに力を入れ「赤いウィーン」と呼ばれた。そして一九三四年のドルフスの独裁体制確立、そしてナチ・ドイツによる併合の時期を除き、戦後においても社会党（社民党）が優位を占め続けた。

しかし先進資本主義国では一九七〇年代から成長が鈍化し、従来の福祉国家体制の見直しを余儀なくされた。オーストリアも同じであり、先のネオ・コーポラティズムは次第に機能不全に陥った。また政府と大政党、経営者団体、巨大労組などによって構築された体制は、そこから排除される人々を生んでおり、そして政府や自治体が経営する交通、住宅その他の団体は経済的な非効率が批判されていく。既存の政治体制を攻撃しながら一九九〇年代にかけて急激に伸びたのが、イェルク・ハイダーに率いられた自由党であった。これについては後述する。

ドナウ・シティの開発

さて、一九八〇年代後半にウィーンで九五年に万国博覧会を開催する計画が立てられた。予定地はドナウ川とそこから市街地に向かって引かれた運河との間に挟まれた地域であった。ここはもともとゴミ埋立地であったが、開発が行われて七〇年代に国連関連施設が誘致された。そして八八年にウィーン市議会で万博開催が決められた。社会主義国ハンガリーのブダペストとの共催のかたちをとっており、ウィーンにとって万博開催は、東側への窓を開くものとされたのである。

しかし一九九一年の住民投票で万博の開催が否決された。その後、開催予定地には、ドナウ・シティという開発計画が立てられていった。もともと万博の準備のため設立されたウィーン万博株式会社は、ウィーン・ドナウ区域開発株式会社（ＷＥＤ）として再発足した。ウィーン万博株式会社は、国内の銀行・保険会社が資金を提供して運営され、それに野村證券も二〇％の出資を行うことになっていた。野村證券は、万博の中止が決まってからもＷＥＤの業務をサポートするため、野村ウィーン都市開発を設置して開発事業を担っていった（『野村證券史 1986–2005』）。

こうして二〇〇〇年代にかけて、ドナウ・シティには住居施設、高層のオフィスビルが建設されていった。現在のところアンドロメダ・タワーなどの高層ビルが五つある。そのうち二〇一四年に竣工したＤＣタワー1は、約二二〇メートルの高層ビルである（ドナウシティウェブサイト）。この場所は、Ｕバーン（地下鉄）でウィーンの中心街から一〇分以内の所である。写真（図16）のとおり、整然とした無機質な建物が並ぶ空間であり、古い街並み

図16　ドナウ・シティ　街のようす（2017年撮影）

図17　ドナウ・シティの建設計画について記された銘板
（同前）

が広がり観光客であふれるウィーン市街の景観とはまったく異なる場所である。開発の規模は全体で一七・四ヘクタールと、六本木ヒルズの敷地面積（六・九ヘクタール）と東京ミッドタウンのそれ（一〇・二ヘクタール）をあわせた面積より小さい規模であり、二二〇メートルのＤＣタワー１（六本木ヒルズが二三八メートル）があるものの、高層ビルの数と高さは、東京のようすとは比べれば小規模である。

とはいえ、ウィーンにとってドナウ・シティの開発事業は、さまざまな政治的な意味をもっていた（Nowy, Redak, Jäger, Hamedinger）。もともとウィーンは、高層建築物への強い規制や、公営住宅の建設を推進したことにもあらわれるように、都市再開発への行政の関与が強く行われた。しかし、一九八〇年代にみられた産業構造の変容と財政危機のなかで、不動産業が有力な産業として台頭してきた。そしてドナウ・シティは都市づくりが投資家とディベロッパーに委ねられ、また当初のマスタープランに比べビルのさらなる高層化が進められるなど、経済的利害による衝動が正当化された（Seiß）。

ドナウ・シティの開発のためにつくられたＷＥＤにしても、公費支出はなされているもののディベロッパーとして経済活動を追求するものであった。その際、企業であるがゆえに経営上の説明責任を免れることができた。また開発事業を進める委員会には、市当局と政治家、WEDなどの企業、都市計画家が参画し、政策決定はこれらの都市エリートが中心となったという。市民討論会・国際シンポジウムなどの新しい計画立案方式がとられ、これが「開かれた手続」であるとされていく（Novy, Redak, Jäger, Hamedinger）。

金融機関などの民営化と政治

もともとオーストリアでは、産業の多くの分野で公営企業による運営が行われていたが、一九九〇年代以後これらの民営化が進められた。九一年にウィーン市営中央貯蓄銀行、レンダーバンクなどの民営化と統合でオーストリア銀行（BA）が設立された。同銀行は民営化後も個人的なつながりにより社民党との関係を強くもった。二〇〇〇年に同銀行はドイツ、バイエルンのヒポ・フェラインス銀行に売却され（のちに同行はイタリアのウニ・クレディト傘下となり、BAもそのメンバーとなる）、この過程で社民党支配が衰退したという。

とはいえ、ウィーンは戦後一貫して社民党の相対的優位が続いている。従来のようなネオ・コーポラティズムの枠組による市政構造は、民営化の進行などで変容したが、社民党と民営化企業とのつながりは切れてはいない（Seiß、源川「コメント3　現代政治史」）。先のWEDも社民党の人脈のもとにあった。ドナウ・シティにある住宅の建設経緯について書かれた銘板（図17）をみると、一九九六年から九九年にウィーン州（市）の助成のもとでウィーン住宅建設促進・再開発条例によって開発が進められたことが記されている。またその時のウィーン市長ミヒャエル・ホイプル（一九九四年から二〇一七年まで市長）、住宅建設・都市更新委員会のヴェルナー・ファイマンの名も書かれている。二人は社民党所属であり、ファイマンはのち二〇〇八年から一八年にオーストリアの首相をつとめた人物だ。このように、ウィーンでは社民党政権がその形式を維持しつつ、その一方で彼らも加わりながら民間資本主体の都市再開発の推進が行われているということになる。

　イェルク・ハイダーは一九九四年の段階で、社民党が国のあらゆる領域やオーストリア放送協会などに影響力を行使し、それに公営企業から成立したBA、ヴィーナー・シュテティッシェ保険などへ多額の税金をつぎ込んでいることを批判していた（源川「コメント3　現代政治史」）。ネオ・コーポラティズムの体制は、行政や公共セクターの諸企業、職能団体に組織された農民、経営者、組織労働者などへの利益配分が行われるが、そこから排除される人々はこうした体制への不満をもつ。そこを鋭く衝いたのがハイダーであり、加えて外国人労働者や移民の流入による財政負担、雇用への影響に対する国民の危機意識を動員した（村松恵二「オーストリアの新右翼」）。またナチズムの過去を一定評価して国民の歴史意識の複雑なひだに食い込んでいった。ハイダーはウィーンではなく、スロヴェニアとの国境に近いケルンテン州を基盤としており、彼自身自由党を離れていったが、ウィーンでも社民党の相対的優位は続くものの、絶対的優位を示す状況ではもはやない。自由党も得票率を伸ばしていることが確認できる。

都市再開発の進展と既存の政治構造の変容、右派ポピュリストを抱える政党が台頭するという政治状況は、大都市政治にみられるある種の普遍的な現象かも知れない。これは東京都や大阪府・市の政治を考える重要な視点を提示していよう。

金融再編と都市間競争

一九九〇年代なかばになると、東京など日本の都市においても都市間競争に勝つ、ということが、しばしばいわれるようになった。一般読者を想定した雑誌にも、「都市ランキング」などのテーマによる記事が登場し、都市はその住みやすさ、財政力などによって序列化されるようになっていく。のち二一世紀に入り、炭鉱の閉山と企業の撤退で北海道夕張市が財政再建団体となるなど、自治体の財政破綻が大きな社会問題として議論され、都市の間に格差ができることが、あたかも当然のようになってしまった。

国際的な都市間競争の展開という点についていえば、一九九〇年代なかばの橋本龍太郎内閣の金融改革にふれなければならない。これは経済審議会行動計画委員会の金融ワーキンググループが、一九九六年（平成八）一〇月に発表した文書（「わが国金融システムの活性化のために」内閣府ウェブサイト）にあらわれている。ここでは、金融分野での世界的な「大競争」と、日本国内の構造変化により金融システムに変革が迫られていることが強調され、幅広い競争の実現がうたわれた。ここでうちだされた改革案は、内外資本取引や外為業務の自由化のための外為法改正、資産運用手段の充実やサービスの価格自由化などのための金融システム改革関連法などのかたちで実現していった。また金融機関の統合により、大手都市銀行がいくつもあわさってメガバンクが誕生したのである（池尾和人『開発主義の暴走と保身』）。この改革のなかで、デリバティブや資産流動化手法の多様化もはかられていった。

東京の復権をめざす

橋本首相は改革の指針として「変革と創造」を作成し、そのなかで日本の金融市場がニューヨーク、ロンドンなみの国際金融市場として復権することを目標とした（橋本内閣「「変革と創造　六つの改革」のうち「金融システム改革」」首相官邸ウェブサイト）。ここには、外国為替取引や株式取引において、東京がニューヨーク、ロンドン市場に比べて伸び悩みをみせていることへの危機感があったのである。まさに金融改革は、グローバルな都市間競争への対応であった。その後、二〇〇七年（平成一九）一二月には、金融庁が「金融・資本市場競争力強化プラン」を発表し、世界の主な金融センター間における競争の激化がさらに訴えられ、金融・資本市場の改革のみならず、国際金融センターとしての都市の機能の向上の必要性が強調された（「金融・資本市場競争力強化プラン」金融庁ウェブサイト）。金融資本の側も、これに対応して東京市場の活性化をはかるため、国際空港へのアクセス改善、「トーキョー・ドリーム」パッケージ（東京金融特区などを設けて規制緩和・優遇措置を推進）、アジア金融都市ネットワークなどが必要であると主張した。こうして、行政サービス見直しと英語情報の拡充など海外資本の呼び込みをはかる都市政策を積極的に行うことが資本の要求となる（『東京　金融センター戦略』）。二〇〇〇年代以後の都政も、こうした政府と資本の要求を受け止めつつ、行政を展開していく。

時代のなかの都政

さて時代をもどして、青島時代に行われた行政改革についてみておこう。同時代に進藤兵（しんどうひょう）が分析を行っており、これまで述べてきた「生活都市」という理念から導き出される都政運営とは、かなり異なる像が指摘されている（進藤「『都市福祉国家』から『世界都市』へⅡ」）。まず、①この時期は国家レベルでの構造再編の時期にあり、のちにふれる金融制度改革をはじめ、財政・社会保障・中央官庁の組織の改編が行われ、それと関連した地方分権改革がなされていく。そして②青島都政誕生の背景となる臨海副都心開発の破綻など財政困難への対応である。これらの施策を実行するにあたり、この時期には国（大蔵省など）の圧力が都政にストレートに向かったという。その背景として、青島知事のリーダーシップが都庁官僚に及ばず、彼らが主導権を握ってこの時期の行革を推進すること、また「無党派」として選出された知事が、都議会への影響力を行使できないことがあった。

さらに青島時代に進められた行革は、新中間層中・上層に依拠した「市民主義」的な色彩をもっていたという。それを進藤は「新自由主義的ポピュリズム」と呼んでいる（進藤「『都市福祉国家』から『世界都市』へII」）。そのことは、青島が世界都市博を批判する都民から支持を得て当選したこととも関連する。実際に行われた世界都市博中止の決定には、『東京新聞』の調査によれば六〇％が支持しており、不支持は一五％に過ぎなかった。青島への支持は、財政支出の面についての納税者としての観点によるものだろうが、選挙公約を実行したという政治家としての姿勢への支持も大きいといわれる（塚田『東京都の肖像』）。

ただ財政面での支出を批判する論理、これはこの時期の有権者の意識と、その政治へのあらわれにとって大きな意味をもっている。このような有権者の態度は、青島都政からのちに連続していく面がある。一九九九年（平成一一）に石原慎太郎が都知事選挙で当選した際は、前回青島に投票した人の最も多くが石原に投票としたとされる（『朝日新聞』一九九九年四月一二日、『読売新聞』一九九九年四月一二日）。その点から青島と石原の知事選の支持層の一部に連続性がみいだされるだろう。また、青島時代末期の九八年一二月にまとめられた「東京都行政改革プラン」において、行政評価制度の実施がうちだされている。のちの石原都政の時代に明確化する、都庁機構の再編と諸組織の独立行政法人化などが、すでに青島都政の時期から検討されていたのである。

土地政策の見直し

不良債権から活用へ

土地の不良債権化が深刻な問題になっていた一九九六年（平成八）四月、橋本龍太郎首相は土地政策審議会に「今後の土地政策のあり方について」を諮問した。土地にかかわる投機的取引がほぼ抑制されるなか、今後は土地を「公共の福祉」の観点からとらえ、土地の適正な利用の実現をはかるためである。それに対する答申は同年一一月に出された。バブル期の地価高騰とその後の下落を経て、土地を巡る状況は大きく変化した。したがって土地基本法にある、土地の適正な利用という観点をふまえ、土地の資産としての価値を重視する考えから、土地の資源としての利用価値に着目した考え方に移行し、所有から利用へという理念の実現に取り組むというものである。

そして土地有効利用の方向として、大都市等の既成市街地で、遅れている都市基盤施設の整備、密集市街地の防災まちづくり、職住近接をめざす都心居住などを実現することがうちだされた。その際、事業の円滑な遂行のため、不動産特定共同事業化、不動産証券化、プロジェクト・ファイナンスなど多様な資産調達手法の整備を検討するとされた（『土地政策審議会答申』）。

これをふまえて、翌一九九七年一月、政府は新総合土地政策推進要綱を作成し閣議決定を行った。もともと総合土地政策推進要綱は、九一年に地価抑制を基調として策定されたものであり、今回の新しい要綱の決定により土地政策の方向は大きく転換した。地価抑制から土地の有効利用へ、総合的な土地利用計画整備と利用のための諸施策、土地取引活発化（不動産取引市場の整理）、土地政策の総合性・機動性確保が方針となった（『土地白書』）。

民間都市開発推進機構の役割

以上のように土地活用の方針が国策に埋め込まれていくなかで、バブル崩壊後の地価の下落に対応する政策が立ちあげられていった。たとえば、大都市に滞留した土地について、民間都市開発推進機構（民都あるいはＭＩＮＴＯ）により買いあげる制度が機能した。

そもそも民都は、一九八七年（昭和六二）の「民間都市開発の推進に関する特別措置法」により設置された。その趣旨は次のようなものであった。都市開発において民間事業者の能力を活用することが必要である。大都市の場合、民間資本を主体とした再開発が進むことが期待できるが、地方都市では採算上難しい場合が多い。そのため、事業への金融支援を行うのがこの機関であった。具体的には民都に対して政府による無利子貸し付け、債券についての政府の債務保証等の措置を行う。また民都は、公共施設整備をともなうなどの要件を満たす事業について、費用にあてる長期・低利資金を融通することができることになった（「衆議院建設委員会」一九八七年五月一四日）。その後同法は改正され、内需主導型経済成長の定着と「ふるさと創生」、地域活性化のため公共事業の積極的な推進を行う役割も与えられた（「衆議院建設委員会」一九八九年五月二四日）。そして資金調達面では八八年六月の改正で、ＮＴＴ株式の売払い収入の活用による無利子融通制度もできていた。

以上のように、国土庁の管轄下で主として大都市以外の開発を援助する機関として設立された民都であるが、一九九四年の法改正により役割は大きく転換した（「衆議院建設委員会」一九九四年二月二八日）。すなわち地価下落のなかで、本来、民間による都市開発事業の適地である土地が遊休地化している。それが放置されれば細分化、スプロール化し、より優良な開発事業ができなくなる。そのため地方公共団体等による用地先行取得制度に加え、公共施設の整備をともなう優良な民間都市開発事業の適地で、事業化の見込みが高いものを先行的に確保する制度を創設するのが目的である。

対象地域は東京、大阪、名古屋の三大都市圏、道府県庁所在地等の市街化区域等である。そこにある民間事業者の遊休地などを、民都が政府保証の上で銀行から融資を受けて取得し、その民間事業者（企業）が売却資金によりその土地で事業を行い、一〇年後にその事業者が買いもどすことを原則とする。事業には民都も加わり共同でビル開発を進めることになる（『朝日新聞』一九九六年三月九日）。民都による土地取得は、一九九九年（平成一一）二月の時点で建設、不動産、繊維、流通、映画などの企業を相手にした例が多い。そして経営がうまくいっていない不振企業の「駆け込み寺」などと揶揄（やゆ）されることもあった（『朝日新聞』一九九九年一二月二八日）。当初、土地取得は平成一〇年（一九九八）度末までの期限がついていたが、二回延長され取得は同一六年度末、企業への譲渡は同二八年度まで続いた（「ＭＩＮＴＯ機構三〇年のあゆみ」ＭＩＮＴＯ機構ウェブサイト）。民都は、二〇〇〇年代の都市再生政策のなかでも大きな役割を果たすことになる。

ここで国土開発と首都圏整備事業に目を向けてみよう。これまでの叙述から、一九九〇年代後半、特に九七年（平成九）頃から、大都市部の土地の活用がうたわれていたことがわかる。この路線はのちの都市再生事業につながり、東京を中心とした再開発政策が進むことになる。とはいえ、国土開発や首都圏整備の観点からは、東京一極集中の是正が唱えられていた。

国土開発・首都圏整備と土地活用

さかのぼると、四全総（第四次全国総合開発計画）作成のため、国土庁がまとめた試案に対して、中曽根首相が「もっと大都市問題を書き込め」と、民活路線と都市再開発の推進に重きを置くように指示を出した。これが中曽根ブレインや財界人といった「集中是認派」と地方自治体関係者や官僚OBなど「地方分散派」との対立をもたらした（『朝日新聞』一九八六年一二月一六日）。一九八七年（昭和六二）六月に閣議決定された四全総は、東京を国際金融・情報都市として整備しつつも、多極分散型国土の構築をうたい、東京一極集中の是正をうちだすものとなった（『朝日新聞』一九八七年六月二七日）。

一九九六年四月、地価下落の対応策を練るため、土地政策審議会に「今後の土地政策のあり方について」が諮問されたのと同じ頃、国土審議会首都圏整備特別委員会では、首都圏基本計画についての審議が行われていた。これは最終的に、第五次首都圏基本計画として九九年三月にまとめられる。この基本計画に向けての審議では、ちょうど同じ時期に検討されていた土地政策については議論がなされず、委員からも土地問題や地価問題を記述しないのはおかしいのではないか、との意見が出されていた（「第一八回国土審議会首都圏整備特別委員会計画部会の主な意見」）。東京への一極集中是正を基本にしながらも、総体として東京など大都市の土地利用をはかる方向にもっていくという矛盾した方向性が、この時期の国土計画、首都圏計画にはあらわれていた。

東京の位置をめぐる官庁間の温度差

また、同時期には全総にかかわる検討のための各省庁からのヒアリングが、同じ国土審議会計画部会で行われていた。各官庁から資料が提出されているが、そこでも国土建設の今後のあり方、特に都市をめぐる考えには違いがみてとれる。

そのうち、一九九六年（平成八）五月のヒアリング資料で建設省は、都市・地域・国土を取り巻く環境の変化、特に東京一極集中問題に関連して次のように述べる。東京は平成五年（一九九三）度以降、転出超過となるが、それでも人口・金融・商業・工業の諸機能は集中している。また都心では居住環境は低下し、バブル崩壊後、低未利用地が増加している。未利用地については、新たな業務機能、職住接近の居住機能を導入するため、道路等の都市基盤施設の整備のもと土地の高度利用を行うとする（「国土審議会第一九回計画部会　ヒアリング資料　建設省」）。以上の建設省の認識では、未利用地の開発の必要性を指摘するにとどまっている。

他方、通産省は経済活動のグローバル化とアジア地域の急速な発展による大競争時代の今、各地域自体が厳しい国際競争のなかにあり、特に大都市圏は円滑な事業環境の確保のため、規制緩和を行うべきことなどがうたわれる（「国土審議会計画部会ヒアリング資料　通商産業省」）。これは橋本内閣の金融改革につながる情勢認識であるといってよいが、建設省と通産省という官庁の間での、東京の位置づけをめぐる温度差の大きさが確認できるであろう。

規制緩和を求める下からの動き

国土計画や首都圏計画において、東京への一極集中を是正する動きと、むしろのちの時代に全面展開するような東京、特に都心への再集中への動きが錯綜するなか、自治体の側には、規制緩和路線にのって再開発を進めていく起動要因が存在したのである。

東京都中央区の開発行政の展開にそくして、そのことをみていこう（上野淳子「『世界都市』後の東京における空間の生産」）。銀座、築地、日本橋といった東京の中心街と、月島・

晴海という埋め立て地を抱える中央区は、業務地化の進展により一九五三年（昭和二八）の約一七万二〇〇〇人をピークとして定住人口が減少し、一九九七年（平成九）の時点で約七万二〇〇〇人程度の人口になっていた。そのため区は八〇年代において人口回復をはかるため、一定以上の事業区域の開発事業に対して、住宅の付置を行うこと、権利の売買にともなう紛争を防止することを義務づけた。また家賃支援などにより、従来から住んでいる住民の居住を継続させる措置を行った。これは中曽根内閣が進めるアーバン・ルネッサンスのもとでの都市再開発の推進に抵抗するものであった。

しかし一九九〇年代にも人口減は止まらず、中央区は住宅開発を誘導する政策として、容積率緩和型の地区計画を採用した。こうして隅田川沿いの地域を中心に規制緩和によるマンション建設が進み、九八年には人口増に転じたという。そのことは、都市再開発をめぐる規制緩和が、政府、東京都からもたらされた施策であると同時に、むしろ区の側からの要求となっていたことを示す。それも八〇年代に行われたような、住民との協議や家賃補助などを重視した政策では十分に対応できないなかで、踏み切らざるを得ない苦渋の選択であったと思われる。そこに九〇年代後半の問題の特殊性がみいだされる。

都心の再開発と不動産証券化

都心の地価の下落が起こったのはオイル・ショック後の一九七五年（昭和五〇）以来のことであり、長く下落が続く状況などはまったくこれまで想定できない事態であった。個々の企業などが有する土地への対応が、先に述べた民都の事業であったが、不動産市場を活性化させるためには別の手段が必要となった。

そこで採られた方法が不動産の証券化であった。一九九四年（平成六）に不動産特定共同事業法が制定され、のちには土地政策審議会の答申でも証券化の検討がうたわれた。こうして九八年に資産流動化のための特定目的会社による特定資産の流動化に関する法律（SPC法）が制定され、二〇〇〇年には同法と投資信託法の改正により不動産投資信託（J－REIT、以下、Jリートとする）が生まれた。

この間、自民党は一九九七年一〇月に「緊急国民経済対策」（大胆な規制緩和等で明るい展望と活力を）をまとめ、そのなかでもSPC（特定目的会社）方式による不動産の証券化の推進が主張された。また九八年七月の自民党の「金融再生トータルプラン」では、不良債権処理の制度としてSPCが位置づけられていた（「SPC法令関係決裁」）。これらの実現は、政権党からの要請も強かったものとみてよい。

では不動産証券のしくみを簡単にみておこう。土地・建物などの資産を所有する企業などは、これをSPCに売却し、SPCがこの資産を証券化して投資家に売る。そしてその土地・建物により事業を行った収益を、投資家に配当していく。事業で得られた収益の九〇%以上を配当にあてることを条件として、SPCには法人税がかからない。また資産を売却した企業は、地価下落により価値を下げる可能性がある土地・建物などを自社のバランスシートから切り離すことができる。他方、投資家にとっては、小口の投資も可能となり、投資先の選択肢を増やすことにもなる（大橋和彦『証券化の知識』）。Jリートの上場は二〇〇一年の九月一〇日、つまりニューヨークの世界貿易センタービルへのテロ攻撃の前日であった。

とにかく官庁からみても、金融機関や不動産業からみても、一九九〇年代の地価の下落は極めて大きな打撃であった。特に金融機関が不良債権を抱え、それまで機能してきた間接金融のシステムではなく、直接金融によって直接投資家から資金を調達することが求められた（『土地バブル、バブル崩壊、そして証券化へ』）。これが不動産の証券化を進めていった。他方で投資する側の変化もみられた。たとえば川崎駅西口地区第一種市街地再開発事業では、日本の大学としてはじめて、早稲田大学が奨学金等の資金を確保するため、不動産証券を通じた投資を行っていた（「川崎駅西口地区第一種市街地再開発事業としての『ミューザ（MUZA）川崎』プロジェクト」日本政策投資銀行ウェブサイト、『都市開発ファイナンスのいま』）。ここにみられるように、低金利のなかで大学も資金確保のため不動産証券などへの投資に向かっていったのである。

「都市再生」の時代

石原都政と東京

石原都政の展開

一九九九年（平成一一）四月には青島幸男の後をめぐって都知事選が行われた。この選挙には、元国連事務局次長の明石康が自民党の、また元文相の鳩山邦夫が民主党の推薦により出馬した。元東大教授の国際政治学者である舛添要一、共産党が推す三上満も立候補していた。これに加えて、三月になってから作家で運輸相などをつとめた石原慎太郎も出た。石原は一九七五年（昭和五〇）に、当時の現職であった美濃部亮吉に挑戦し敗北していた。今回の選挙で石原は政党の推薦を受けなかったが、ほかの著名な候補者をおしのけて当選を果たした。ここでも政党の推薦を受けない候補が都民の多くの支持を獲得したのである。この選挙では「支持政党なし」が投票者の三七％を占め、「支持政党なし」の三〇％以上が石原に向かったという（『読売新聞』一九九九年四月一二日）。

鈴木時代の末期から青島時代を経て、都の財政難はこの時期も続いていた。石原の就任した平成一一年（一九九九）度も前年から五・六％もの一般会計予算の削減を行っていた。臨海副都心開発や都営地下鉄などの東京都公営企業決算なども大幅な赤字であった。平成一二年度予算編成でも職員給与の二年間四％カット、土地開発基金の取り崩しや都有地売却なども行った（塚田『東京都の肖像』）。

さて第一期の石原都政は、以上のような都財政問題への対応と同時に、大手銀行への外形標準課税の実施、ディーゼル車の排ガス規制、待機児童解消を目指した認証保育所の設置などの政策を展開した。また羽田空港の国際空港化について国への要請を行うなど、世界都市化への対応をはかり、さらに米軍横田基地の返還を目玉政策のひとつとした。

続く二〇〇三年四月に石原は知事に再選され、第二期においては、中小企業への無担保融資を掲げた新銀行東京の開設、都立の大学の再編と新大学への改組、二〇一六年のオリンピックを東京に招致する活動などが主要な政策となった。第三期には、それまで議論が続いていた築地市場の豊洲への移転が決定されたが、新銀行東京の経営難と都からの四〇〇億円出資をめぐる問題、オリンピック招致の挫折などもあった。その後、二〇一一年四月に四選を果たし、翌年には先に挫折をみたオリンピック招致を再度推進することを決定し、また中国との紛争が起こっていた尖閣諸島を購入する動きなども示した（『朝日新聞』二〇一二年一〇月二六日）。

石原都政の政策と政治手法

ここでは初期の石原都政の政策とその政治手法に関連させて、外形標準課税と新大学設置について述べておきたい。

大手銀行への外形標準課税は、すでに石原当選後の一九九九年（平成一一）秋頃から都庁内で、都財政問題に関連して議論されていた。これは、法人事業税を、銀行の最終的な利益ではなく、業務粗利益に課税するものである。大手銀行は先に述べた地価低迷などのなかで抱えた不良債権の経理処理により、利益は少なく計上されていた。その一方では、東京都の整備した都市施設を利用しているのに、事業税の負担が相対的に少額であるというのが都側の言い分であった（青山『石原都政副知事ノート』）。これはのちに銀行側が裁判を起こし、都側が敗訴してその後和解するに終わった（『朝日新聞』二〇一二年一一月五日）。外形標準課税は、都財政に対してプラスになるほか、バブルの後始末に失敗し公的資金の投入を受けている金融機関への都民の感情を政治的に動員することができただろう。

また新大学設置も、当初は都の財政問題とからめて提起されたものであった。石原は、二〇〇〇年一月頃から都立の大学（都立大、都立科学技術大、都立保健科学大、都立短大）を民間に売却するなどの発言を行っており、九月には包括外部監査の結果として、大学が大幅な赤字を出していることを強調した。他方、都庁に大学管理本部を設置して大学との協議を行い、四大学の統合と法人化、教員定数削減などをうちだしていった。しかしここでまとめられた大学改革構想は、石原自身が考える大学像とは違う「保守的」なものであった。その後、知事選前の〇三年三月の都議会で「日本にないまったく新しい大学をつくる」と述べ、同年八月に石原知事は、突如記者会見の場で、従来の協議で決定した内容とはまったく異なる大学の設置構想をうちだした（『都立大学はどうなる』）。

その後、都側と特に旧都立大において都のやり方に反発する教員との激しい対立を経て、最終的には二〇〇五年四月に首都大学東京が発足した。この間の過程としてつけ加えなければならないのは、大学は産業力強化のための戦略的支援策とも結びつけられたことである。〇四年二月の『東京都産業科学技術振興指針』においては、再編される大学の役割が強調されていた。そして首都大とは別に、産業技術大学院大学が設置されたことは、この時期に都政にとって産業への貢献が、大学の一義的な役割と認識されていたことをうかがわせる。

また、こうした大学へのコントロールの強化は、都立高校の入学式・卒業式での国旗掲揚・国歌斉唱の命令、職員会議での意思決定方法への介入など、石原知事の教育統制政策と連動していた。また、政策手法としてトップダウンによる決定が特徴的であるが、国立大を含めて戦後体制の変容のなかで存在意義の再定義が求められていた大学への、さまざまな意味での改革要求を、巧みに動員したという側面も強かった。

防犯対策・治安対策と都市

さらに、石原都政が目玉としてうちだした政策として防犯対策あるいは治安対策強化があった。石原知事は二〇〇〇年（平成一二）四月に、陸上自衛隊練馬駐屯地において開催された創隊記念式典で、「三国人、外国人が凶悪な犯罪を繰り返しており、大きな災害では騒擾（そうじょう）事件すら想定される。警察の力に限りがあるので、みなさんに出動していただき、治安の維持も大きな目的として遂行してほしい」と述べた（『朝日新聞』二〇〇〇年四月一〇日夕刊）。この「三国人」というのは、歴史的にいうと日本の第二次世界大戦敗北後において日本国籍を離脱させられた、旧植民地（朝鮮、台湾）出身者のことを指して使用された。彼らのなかにはヤミ市などの非合法の経済活動を仕切る人々もいたとされ、そうした記憶を動員しながら現在の状況と重ね合わせて、都民の危機意識を煽るものであった。これは確信犯的に人間の感情に訴えかける戦術であるといえよう。

そして、二〇〇一年七月に都庁内の知事本部企画調整部は、『ジュリアーニ市政下のニューヨーク』という報告書をまとめている。先に述べたジュリアーニ時代のニューヨーク市政は、石原都政の施策の意味を理解するヒントを与えてくれるだろう。この報告書が作成されたのは、東京が雇用不安、地価下落と活力を低下させ、地盤沈下が続くなかで、先行した競争相手であるニューヨークに学ぼうという意図があったことを示していた。

ジュリアーニ市政の基本的考えとして、市長選での公約である①治安の向上（安全な街の確立）、すなわち犯罪の防止と生活の質の向上、②行財政改革と経済活性化、すなわち市行政の縮小と民間雇用拡大のための経済開発、③学校教育の向上、すなわち市教育長などの権限強化による秩序の乱れた公立学校の改革があった。またジュリアーニ市政の二期目に力をいれた福祉改革、つまり「福祉首都（the welfare capital）」から「勤労首都（the workfare capital）」への転換である。特に①の治安の向上について報告書は、軽微な犯罪を見逃さないことを重視する、いわゆる「破れ窓」理論による対策と、警察組織の改革に注目している。

また福祉政策についてジュリアーニ市政は、民主党時代のアーバン・リベラリズムのもとでの福祉政策への批判を強くもっていた。そのため、先にふれたように公的扶助の基準を厳格に適用し、援助の抑制と就労の促進を行って福祉依存から労働による自立への転換をはかっていった（『ジュリアーニ市政下のニューヨーク』）。石原都政は、この時代の主流となった価値観である「結果の平等」から「機会の平等」へという考え方をとりつつ、自らの判断と責任でサービスを享受することができる利用者指向の福祉システムへの転換を強調していた（『平成一二年東京都福祉改革推進プラン』）。また旧来型の福祉政策を転換させるなかで、二〇〇六年には「治安の維持・回復こそ最大の都民福祉」という言い方で、犯罪防止・治安対策の重要性をあらためて強調していた（都議会平成一八年第一回定例会、二〇〇六年二月二二日）。

こうして都は緊急治安対策本部を設置し、防犯対策・治安対策に力を入れていく。ただし、この政策には批判も存在した。そもそも東京都の世論調査の選択肢のなかで「防犯対策」という語は、ある時点で「治安対策」に変わっていったのだという。また、犯罪が増加しているという言説がなされる際には、数字による客観的なデータが示されて、それをもとに現代社会の規範のゆるみと、それらの規範が通用しにくい外国人や青年などの存在から、治安の悪化が語られていた。

しかし、この石原都政の見解に対しては、実際には少年犯罪の凶悪化などを公式統計データから裏づけることは難しく、また「凶悪な外国人」に「不法滞在者」が重ね合わされて、レイシズム（人種主義）の正当化を果たしているのではないかとの疑問が出されていた。この疑問は、二〇〇三年八月から知事本局治安対策担当部長（緊急治安対策本部長）をつとめた経験のある元都庁幹部から投げかけられたものであった（『治安はほんとうに悪化しているのか』）。治安の悪化を強調する行政のあり方には、政策の実際の担い手から疑問が出されていたというわけである。

世界都市化への対応と「東京構想二〇〇〇」

石原都政初期の政策文書「東京構想二〇〇〇」（二〇〇〇年〈平成一二〉一二月）からは、石原都政がいかなる情勢認識のもとで政策立案を行ったかがうかがわれる（『東京構想二〇〇〇』）。まず同構想は、日本は「成熟社会」を迎え終身雇用・年功序列賃金、護送船団方式、中央集権システムに代表される日本型社会システムが機能不全に陥っていると述べる。そのなかで東京では、通勤混雑や慢性的な交通渋滞、自動車排出ガスによる大気汚染が問題となっており、他方で雇用や老後への不安が存在する。さらに先にも述べた青少年の凶悪な犯罪などによって、都民生活が脅かされているという。これは日本の危機の縮図であり、経済活動低迷と魅力の喪失によって東京の国際的競争力は低下している。そのため東京から変革の波を起こすということが主張される。そして東京は、ボーダレスの経済活動が活発化するなかで、激化する都市間競争を勝ち抜き、日本経済を牽引する国際都市であり、世界の人々をひきつける「千客万来の世界都市」でなければならないとする。

以上のように石原都政のもとであらためて東京の役割が強調され、世界都市としての発展の構想がうちだされた（武居秀樹「石原都政の歴史的位置と世界都市構想」）。「東京構想二〇〇〇」は続いて次のように述べている。鈴木都政の時代から、東京都は多心型都市構造の考え方のもとで、都市の中枢的な機能を七つの副都心と多摩、そして東京都以外の地域に広がる業務核都市へ分散させていった。しかしそれにより業務機能の面で東京都心の魅力が低下した。さらに人口減少下における社会の活力の維持や、国際都市間競争に勝つという観点からは多心型都市構造はもはや限界がある。このような認識のもとで、「環状メガロポリス構造」が提起された（図18）。

それによれば、東京圏全体に都市機能を配置しながらも、核都市を中軸とすることで混

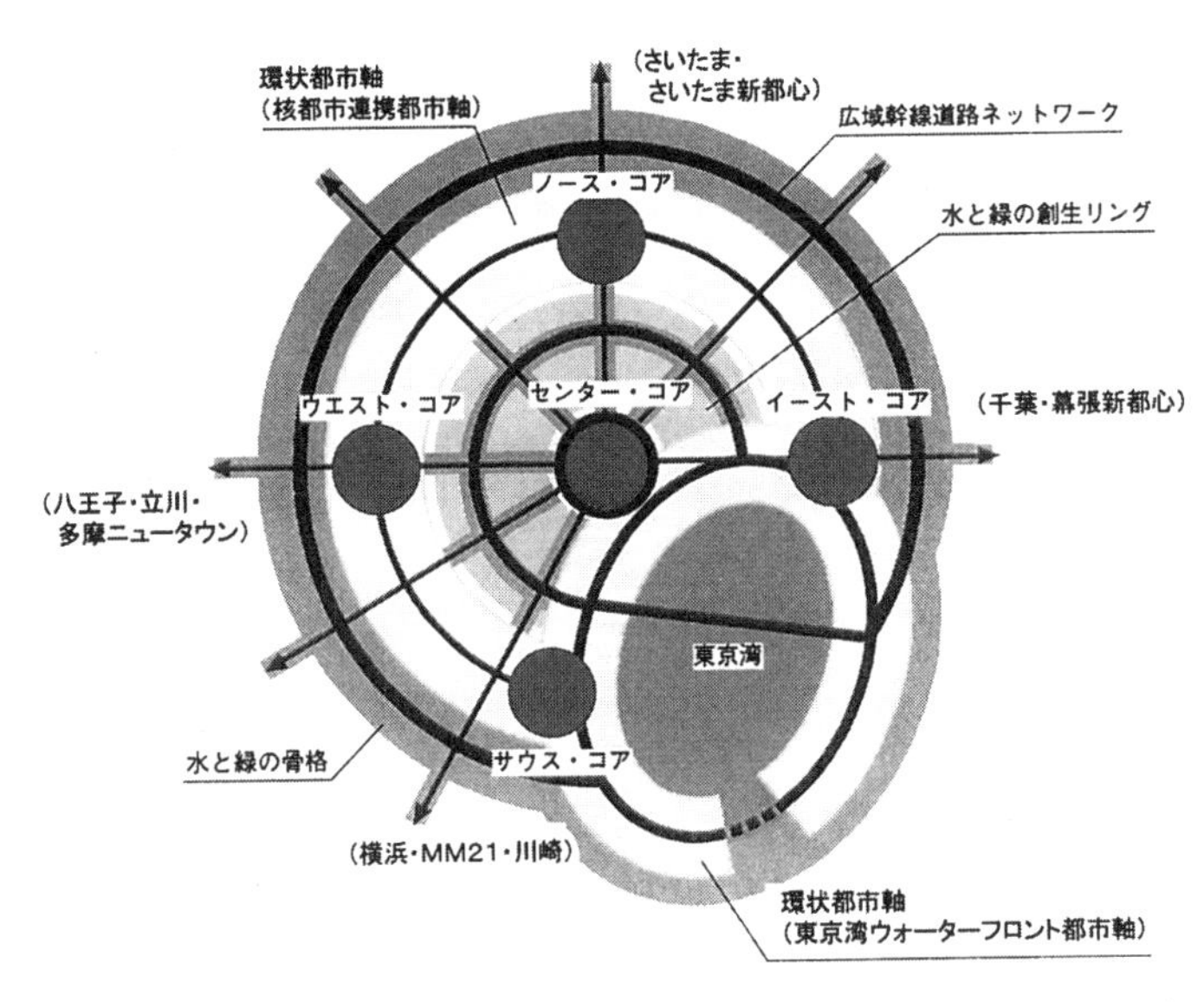

図18　環状メガロポリス（『東京の新しい都市づくりビジョン』〈東京都都市計画局総合計画部都市整備室，2001年〉より転載）

雑や環境面での問題を解消して都区部への集中を是正する。とはいえ機能を完全に分散させるのではなく、都心を中心として同心円状に、それぞれの役割をもつゾーンが設定される。また国際空港機能を充実させ、かつ東京圏の広域幹線道路のネットワークにより都市相互の機能を連携させる。これによって、東京圏の経済活動を効率化するというのである。

環状メガロポリス構想の最も重要な点は、都心区の首都高速道路中央環状線内にある「センター・コア・エリア」が全体の中心となるということである。ここは国際ビジネスセンター機能など業務・商業・文化・居住等が高密度に集積する場所であり、土地の有効・高度利用が民間の複合開発によって行われる。さらに横浜から千葉に至る「東京湾ウォーターフロント都市軸」では、湾岸道路が整備されて「センター・コア・エリア」と結びつけられる。ここでは、成田空港との連携をはかりながら、羽田空港を国際空港として拡充し、かつ首都圏新空港の設置も構想されていた。

まさに「センター・コア・エリア」こそが、日本の政治・経済・文化をリードする中心核（首都心）なのであった。この地域は、国レベルの都市再生政策においても開発の中心に置かれる場所であり、石原都政の都市再開発政策と、小泉純一郎内閣のもとで展開される都市再生政策は一体的なものとなっていくのである。

小泉構造改革と「都市再生」

「構造改革」の始動

先の石原都政の認識の前提となるような、既存の政治経済システムの見直し、特に市場原理の導入を推進する動きは、世界的な金融危機のなかにあった一九九〇年代後半に本格的に始まった（菊池信輝『日本型新自由主義とは何か』）。日経連の「新時代の『日本的経営』」（一九九五年〈平成七〉）では、経営環境や従業員意識の変化のなかで、経営理念のあり方や雇用・就業形態の多様化の必要性が説かれた。そして先にもふれたように、九七年、橋本龍太郎内閣は六大改革をうちだす。①行政改革、②財政構造改革、③金融システム改革、④経済構造改革、⑤社会保障改革、⑥教育改革がそれである。

政局は橋本内閣のあと小渕恵三内閣が成立し、のちには小渕首相の病気と死去により森喜朗内閣が誕生した。小渕内閣の時代、一九九八年に経済戦略会議が設置された。財界と学者（財界からは経団連会長、副会長、ＪＲ西日本社長のほか、不動産業の森ビル社長も入っている）からなる同会議は、九九年二月に『日本経済再生への戦略』をまとめ、構造改革をうちだしたのである。そこでは「各経済主体が将来への自信を取りもどせるような新しい日本型システム」が必要だとして、既存のシステムの見直しなど、政治の主導のもとでの、官民による構造改革が訴えられた。具体的には、経済回復のシナリオと持続可能な財政への道筋を示すこと、「健全で創造的な競争社会」の構築を行い、同時にセーフティ・ネットを整備すること、バブル経済の本格的な清算と新しい金融システムの構築を行うこと、活力と国際競争力ある産業の再生を果たすこと、二一世紀に向け戦略的なインフラ投資と地域の再生をはかること、がうたわれた。

特に、都市再開発に関連する論点としては、バブル経済の清算を行うこと、つまり金融機関の抱える不良債権の売買を促すことが必要であり、土地・不動産を「保有」するのでなく「有効活用」して収益をあげることが求められる。こうして不動産投資市場の整備による不動産の流動化・証券化が重要な手段となり、また流動化の先駆的成功例を示すため、都市再開発と一体化した「戦略的パイロットプロジェクト」を展開することを提言している。

さらに注目すべきことに、国務大臣（都市再生担当大臣）を委員長とする都市再生委員会の設置により、都市再生プランの策定等を行い、また都市構造再編推進協議会を設置して、都市再生委員会のプラン推進を行うこととした。これは、国、地方公共団体、土地開発公社、住宅都市整備公団、民間都市開発推進機構（民都）、整理回収機構、共同債権買取機構などを集めて、各主体が保有する低未利用地などの情報を一元的に管理して土地の有効活用をはかるというものであった（「経済戦略会議の『日本経済再生への戦略』」）。

さらに二〇〇〇年一月、小渕首相は中山正暉（なかやままさあき）建設大臣に、都市再生の懇談会を開催するように指示した。これに基づき二月には東京圏を対象とした都市再生推進懇談会が発足、五月には阪神圏についての懇談会が設置された。東京圏の懇談会では石原都知事のほか、神奈川、千葉、埼玉県知事、経済学者、それに経団連など経済団体、不動産協会会長をつとめる三井不動産株式会社会長、ならびに森ビル社長などが参加し一一月三〇日には提言がまとめられた。そこでは、ボーダレス化、脱工業化、情報化という世界経済の動きのなかで、国際的な都市の魅力をいかに高めていくかが重要であり、そのため国が都市再生を最重要課題として位置づけ、民間からの積極的な投資を導くことが求められた（「東京圏の都市再生に向けて」国土交通省ウェブサイト）。これは、のちの小泉内閣によって実行に移される都市再生政策の前提をなしていた。

小泉内閣の成立と構造改革

二〇〇一年（平成一三）四月に小泉純一郎内閣が発足する。続く六月に経済財政諮問会議は、構造改革の基本方針をまとめ、これが内閣の経済政策の基本となっていった。そこでの認識は、一九九〇年代の日本経済の停滞のなかでの国民の経済社会に対する閉塞感が前提となる。そして「停滞の一〇年」から抜け出すため、日本のもっている潜在的な力を発揮させることが必要であり、それを妨げる規制・慣行・制度の改革のため経済・財政、行政、社会における構造改革がうたわれた。

そしてここでも、経済再生のための不良債権処理の抜本的解決や、安定した金融システムの構築が強調されていた。一九九〇年代に進んだ地価低落の影響が、いかに大きな問題として認識されていたかがうかがわれる。そのうえで、七つの分野での聖域なき構造改革が提起された。①民営化・規制改革プログラム（医療、介護、福祉、教育などへの競争原理導入）、②チャレンジャー支援プログラム（創意工夫に基づく起業・創業などを支援する）、

③保険機能強化プログラム（社会保障制度の信頼を高める）、④知的資産倍増プログラム（ライフサイエンス、IT、環境などの分野）、⑤生活維新プログラム（保育所待機児童をなくす、バリアフリーを進める）、⑥地方自立・活性化プログラム（市町村合併や国庫補助負担金の整理合理化）、⑦財政改革プログラム（特定財源や公共事業関係長期計画の見直し）（「今後の経済財政運営及び経済社会の構造改革に関する基本方針」首相官邸ウェブサイト）。まさに都市再生事業は、構造改革による経済活性化の一環として実施されていくのである。

都市再生特別措置法の制定

すでに森内閣末期である二〇〇一年（平成一三）四月初旬の「緊急経済対策」（経済対策閣僚会議）においては、環境、防災、国際化等の観点から都市の再生を目指すこと、土地の有効利用等都市の再生に関する施策を推進するため、首相を本部長とした都市再生本部を内閣に設置することとされた（「都市再生本部　設置経緯」首相官邸ウェブサイト）。

そして翌二〇〇二年三月に都市再生特別措置法が制定され、都市再生本部に法的裏づけが与えられ、都市再生緊急整備地域に関する整備方針を定めた（表3）。この都市再生緊急整備地域では、都市計画により都市再生特別地区を決定することができる。また整備地域内では、都市計画の提案や都市計画決定期間の短縮が可能である。この特別地区では用

特　　例
〈都市再生緊急整備地域〉 ・地域内に都市再生特別地区(下記)を設定できる ・地域内の都市計画を提案できる ・都市計画の決定期間の短縮 ・民間都市再生事業計画(下記)の認定を受けることで税制・金融などの面で優遇 〈特定都市再生緊急整備地域〉 ・都市再生緊急整備地域と重ねて指定を受け、同地域としてのメリットがあるほか、国際競争拠点都市整備事業(下記)などを設定できる
・都市再生に貢献し土地の高度利用を図るため，都市再生緊急整備地域内において，既存の用途地域等に基づく規制にとらわれず自由度の高い計画を定めることにより，容積率制限の緩和等が可能(例：日本橋二丁目地区　容積率800％・700％→最高1990％，大阪駅北地区　800％・600％→最高1600％)
〈都市再生緊急整備地域〉 ・所得税・法人税(割増償却)5年間30％増，登録免許税(建物)軽減税率3.5/1000，不動産取得税1/5(県条例による場合1/10～3/10)控除，固定資産税・都市計画税課税標準5年間3/10～1/2控除 〈特定都市再生緊急整備地域〉 ・所得税・法人税(割増償却)5年間50％増，登録免許税(建物)軽減税率2/1000，不動産取得税1/2(県条例による場合2/5～3/5)控除，固定資産税・都市計画税課税標準5年間2/5～3/5控除 〈両地域〉 ・民間都市開発推進機構がミドルリスク資金を安定的な金利で長期に供給 〈特定のみ〉 ・国際競争力強化施設に対する金融支援

表3　都市再生事業の基本的構造（2018年時点）

事業の名称	規　模	定義など
都市再生緊急整備地域（2002年）	55地域 約9,092ha（2018年10月時点） うち2,945haが東京都（羽田空港南・川崎殿町・大師河原地域にも東京都が一部含まれるが除外した）	都市の再生の拠点として，都市開発事業等を通じて緊急かつ重点的に市街地の整備を推進すべき地域
特定都市再生緊急整備地域（2011年）	13地域 約4,110ha（2018年10月時点） うち2,727haが東京都（羽田空港南・川崎殿町・大師河原地域にも東京都が一部含まれるが除外した）	都市再生緊急整備地域のうち，都市開発事業等の円滑かつ迅速な施行を通じて緊急かつ重点的に市街地の整備を推進することが都市の国際競争力の強化を図る上で特に有効な地域
都市再生特別地区（2002年）	87地区（2018年4月時点） うち43地区が東京都	都市再生緊急整備地域内において，既存の用途地域等に基づく用途，容積率等の規制を適用除外とした上で，自由度の高い計画を定めることができる都市計画制度を創設
民間都市再生事業計画（2002年）	113計画（2018年4月時点） うち60計画が東京都（羽田空港跡地第2ゾーン計画を含む）	都市再生緊急整備地域と特定都市再生緊急整備地域内における民間事業者による公共施設の整備を伴う優良な都市開発プロジェクトを認定，各種支援（金融支援，税制支援）することにより，都市再生の推進を図ることを目的とする （認定条件：敷地1万㎡，税制・金融の適用条件等あり）

補助金(国際空港へのアクセスのための道路の新設又は改築・鉄道施設の建設又は改良・バスターミナルの整備・鉄道駅周辺施設の整備・市街地再開発事業・土地区画整理事業)

https://www.kantei.go.jp/jp/singi/tiiki/toshisaisei/kinkyuseibi_list/
https://www.kantei.go.jp/jp/singi/tiiki/toshisaisei/pdf/h301024seido.pdf
https://www.mlit.go.jp/common/001153792.pdf
http://www.mlit.go.jp/common/001239082.pdf
https://www.kantei.go.jp/jp/singi/tiiki/toshisaisei/kinkyuseibi_list/file/20180723tokku.pdf
https://www.kantei.go.jp/jp/singi/tiiki/toshisaisei/kinkyuseibi_list/file/20180723minto.pdf
https://www.kantei.go.jp/jp/singi/tiiki/toshisaisei/kinkyuseibi_list/file/20180723kokusai.pdf
https://www.mlit.go.jp/common/001153222.pdf

http://www.uraja.or.jp/town/system/2012/doc/201211_01.pdf

途や容積率など既存の制限を見直すことが可能となる。そして、同整備地域内で民間都市再生事業計画の認定を受けた個別の都市再開発プロジェクトには、金融上の支援や税制上の優遇措置がなされる。

さらに同法の制定とともに都市再開発法改正が行われ、都市の再生をはかりその魅力と国際競争力を高めることが経済構造改革の一環として重要な課題であるとの認識のもとで、民間の資金やノウハウを都市再生に生かす必要があるとされた。そのため、事業手法の改善と規制の見直しが行われたのである。具体的には、第一に民間活力を活用した都市再開発推進のため、市街地再開発事業の施行者に、地区内の一定の土地所有者等の参画を得た株

国際競争拠点都市整備事業(2011年)	9地域33事業(2018年4月時点) うち17事業が東京都(羽田空港跡地などを含む)	大都市の国際競争力の強化を図るため，特定都市再生緊急整備地域において，国際的な経済活動の拠点を形成する上で必要となる都市拠点インフラの整備について，重点的かつ集中的な支援を行う

出典　首相官邸ウェブサイト，国土交通省ウェブサイト等より作成
都市再生緊急整備地域及び特定都市再生緊急整備地域の一覧
都市再生制度に関する基本的な枠組み(都市再生特別措置法関連)
民間都市再生事業計画の認定制度について
国際競争拠点都市整備事業(国際競争業務継続拠点整備事業)
都市再生特別地区の決定状況
民間都市再生事業計画の認定状況
国際競争拠点都市整備事業（首相官邸）
国際競争拠点都市整備事業（国土交通省）
「国際競争拠点都市整備事業の活用について」（公益社団法人全国市街地再開発協会『市街地再開発』2012年11月）
宮下直樹『図解都市再生のしくみ』東洋経済新報社，2003年

式会社または有限会社を追加することとした。第二に民間による土地の高度利用を実現するような建築物整備のためのしくみがつくられた。第三に民間都市開発推進機構（民都）の土地取得を三年間延長し、要件をみたした株式会社等が施行者となる市街地再開発事業などへの、都市開発資金の無利子貸付制度を拡充した（「衆議院会議録」二〇〇二年三月一四日）。

さて二〇〇二年一〇月に、まず都市再生緊急整備地域に指定されたのは、全国の大都市の主要駅付近が多かった。第一次、第二次の指定で四四地域、約五七〇〇ヘクタールが指定された。大都市の都心で、民間資本にとって確実な収益が見込まれる場所が対象となった（橘川武

郎・粕谷誠編『日本不動産業史』）が、数においても面積においても圧倒的に優位なのは東京二三区内であった（図19・20）。そして東京駅・有楽町駅周辺地域、環状二号線新橋・赤坂・六本木地域、東京臨海地域という中心部は、最も大規模な地域である。そのほか、秋葉原・神田地域、新宿駅周辺地域、大崎駅周辺地域が指定され、その後も都心での整備地域は拡大している。特に東京駅・有楽町周辺などは、先の「センター・コア・エリア」と重なっており、政府の意図と東京都の意図は、完全に合致しているといってよい。これらの地区は、東京都が「都市再生緊急整備地域及び地域整備方針」として国に申し入れた提案を、国が受け入れたものだという（五十嵐・小川『「都市再生」を問う』）。

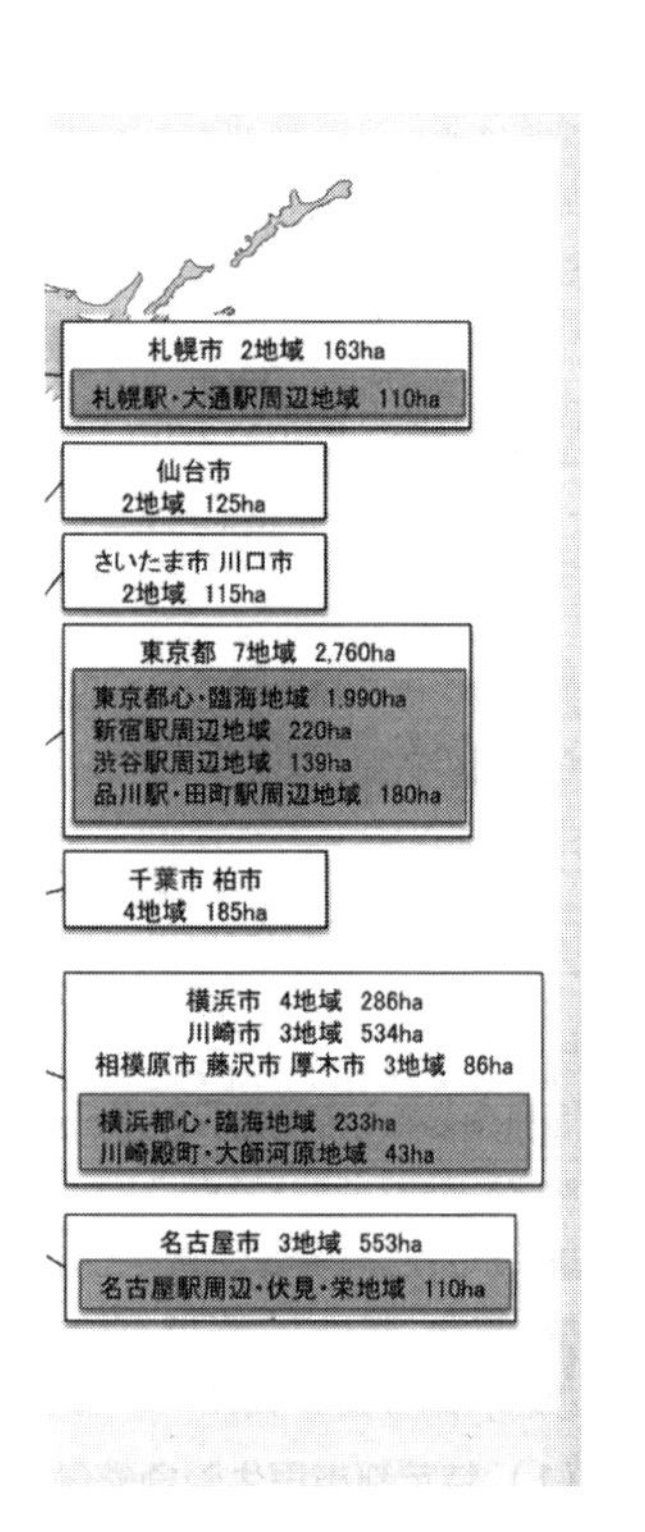

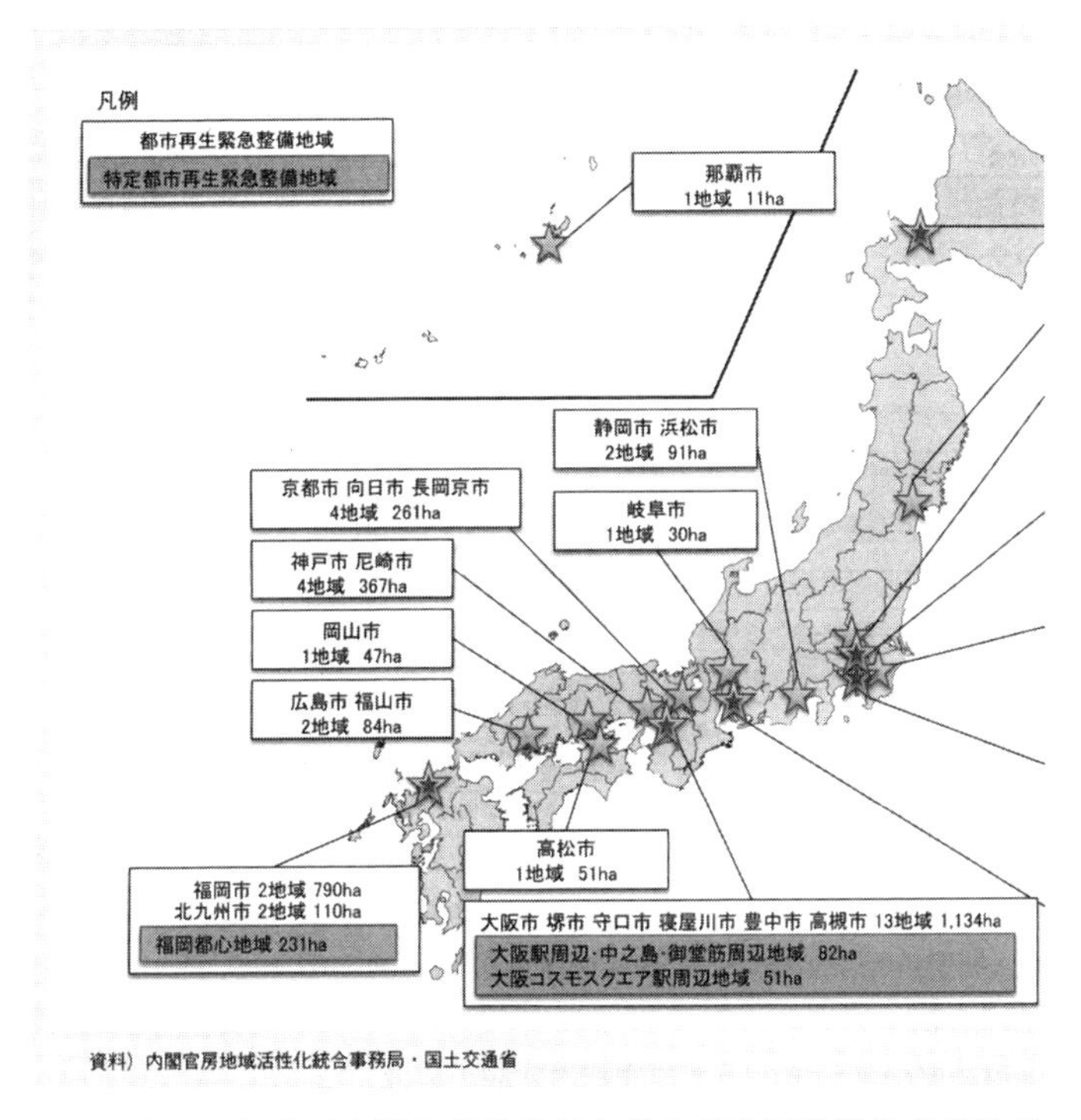

図19　全国の都市再生緊急整備地域と特定都市再生緊急整備地域
（『国土交通白書　平成24年度』より転載）

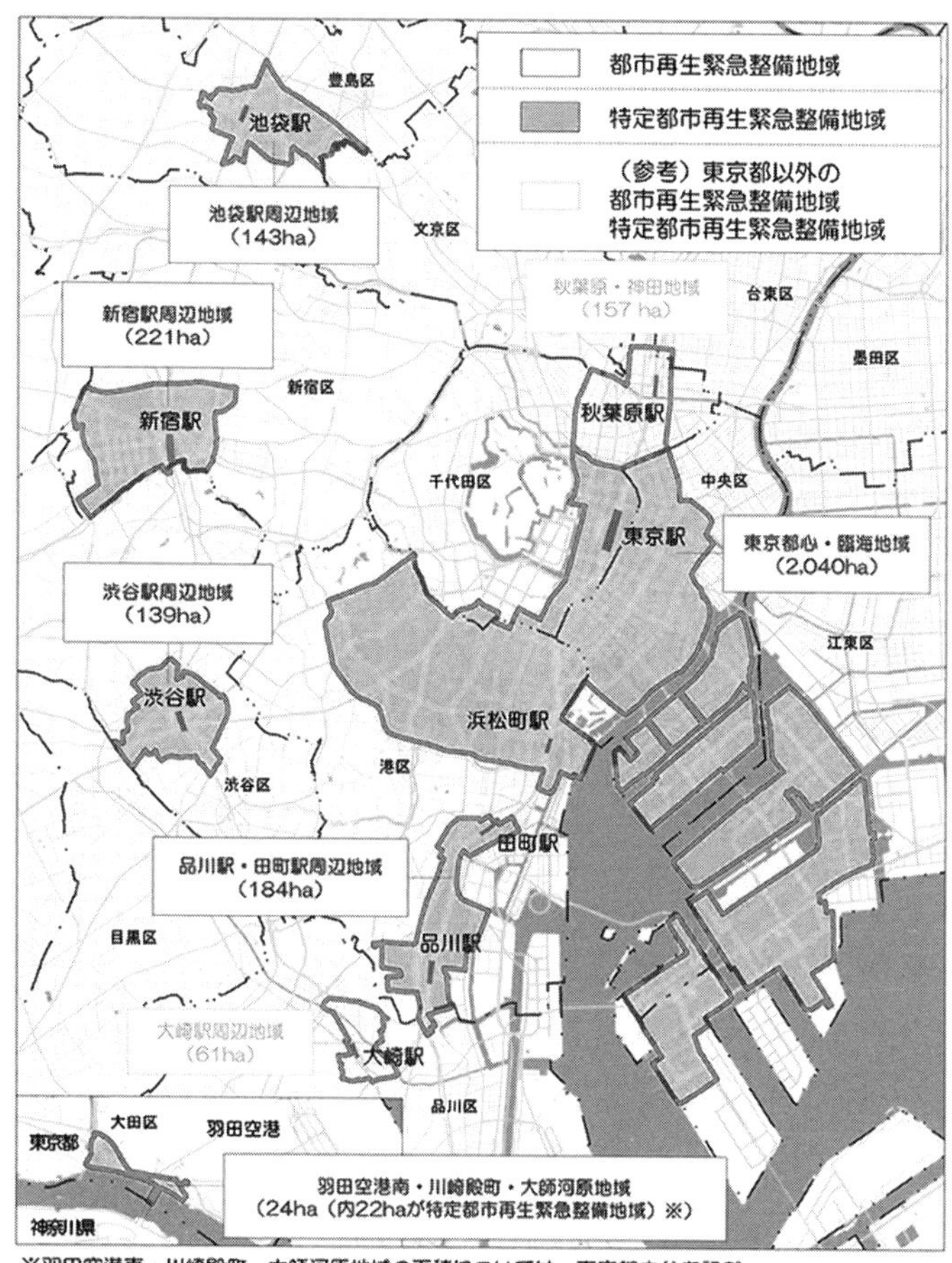

図20　東京都の都市再生緊急整備地域と特定都市再生緊急整備地域
（2018年現在，東京都都市整備局ウェブサイトより）

都市再生事業が立ちあげられる前から、大手のディベロッパーは積極的な再開発事業に取り組んでいた。特に東京で実施された大型プロジェクトをいくつかみておきたい。

ディベロッパーの時代

時代をさかのぼるが、のちの時代につながる都心の再開発として、港区赤坂・六本木地区の再開発により一九八六年（昭和六一）につくられたアークヒルズがある。これについてはすでに若干ふれた。森ビルが六七年に最初の土地を取得し、七九年の都市計画決定を経て事業が進められた（アークヒルズウェブサイト）。ここにはオフィス、レジデンス、商業施設、ホテル、サントリーホールなどが置かれている。都市再開発法による、はじめての民間主導による市街地再開発事業であった（橘川・粕谷『日本不動産業史』）。また同じく森ビルは、二〇〇三年（平成一五）に六本木ヒルズを完成させている。これもアークヒルズと同様に都心市街地の大規模な再開発事業であり、一九八六年に六本木六丁目地区が東京都から再開発誘導地域の指定を受けて、地元住民との交渉を進めたものである（六本木ヒルズウェブサイト）。

そして、二〇〇七年に竣工した東京ミッドタウンは、港区赤坂の防衛庁移転の跡地を再開発したものである（図21）。ここには、商業施設、レジデンス、オフィス、ホテル、サ

図21　新宿から東京タワーを挟んで六本木ヒルズ（右），東京ミッドタウン（左）方面をのぞむ（2019年撮影）

ントリー美術館などの施設が入っている。三井不動産をはじめ六社によるコンソーシアムがこの土地を取得し、民間都市再生事業として建設が進められた（東京ミッドタウンウェブサイト）。これは、先に述べたとおり都市再生緊急整備地域において、民間事業者が緑地、公園、道路などの整備をともなう事業に取り組む場合、金融、税制面での支援を行うものである。

ディベロッパーと都政

アークヒルズと六本木ヒルズを手がけた森ビル社長の森稔（もりみのる）は、小渕内閣時代に設置された経済戦略会議に加わり、小泉内閣期に設置された総合規制改革会議委員にもなっている。他方、石原都政の時代に副知事をつとめた青山佾とのつながりも強かった。青山は副知事時代の二〇〇〇年（平成一二）に行われた森との対談で、現在が大都市間競争の時代にあるとして都心回帰が進むことを前提に、都心の道路と街の整備を一体のものとして行うことを提起している。森も木造密集地帯を含めて、超高層建築の手法で道路と建物を一緒に開発していくことを主張している。さらに司会をつとめる市川宏雄が、ウォーターフロント構想にも言及するなかで、青山も臨海副都心のみならず湾岸道路や羽田空港も包含する湾岸地区全体（横浜・川崎・木更津も含む）を再構築することのメリットを強調する（「〈対談〉二一世紀の東京像を語る」）。まさに環状メガロポリス構想のうちだした都市改造の方向性が述べられている。一九九〇年代後半から都市再生政策が展開する時期にかけて、政府・東京都・ディベロッパーの連携がさらに強化されたといえるだろう。そして東京の再開発をめぐってディベロッパー、特に森ビルの役割が大きくなったことを確認できる。

二一世紀はじめにおける都市再開発政策の中枢を担った青山は、都庁職員として、かつて東京の日雇労働者が集住する地域であった山谷での福祉行政にかかわったこともあった。副知事退任後は、アメリカ型の市場原理主義でもなく北欧型の高福祉高負担でもない市民活動と社会企業の活動により、ホームレスへの住居提供の活動を進めようとした（『一〇万人のホームレスに住まいを！』）。また、生活協同組合を基盤とした一般財団法人地域生活研究所顧問などもつとめている。その意味で、都市再開発にはむしろ積極的に対応し、かつ市場原理とは対立しないかたちでの社会政策を追求しているものと思われる。

不動産証券化と都市再生

前章「低成長と首都改造の再編」で不動産の証券化についてみたが、これは都市再生の時代にどのように展開していくのだろうか。二〇〇一年（平成一三）、東証にJリートが上場された当時、取得物件は二・八兆円であったものが、〇六年には七・八兆円を示した。そして〇七年の時点で、Jリートが保有する全国の物件は、オフィスが三三％、レジデンスが五四％、商業施設が九％であるという。また都道府県別でみると東京二三区が三兆五〇〇〇億円で取得物件の六割以上を占めている。

そして東京都心のオフィスでは、港区が六五〇〇億円、千代田区が四五〇〇億円、中央区が三三〇〇億円であり、さらに投資先の地域を細かくみていくと、オフィスでは港区三田、赤坂、青山、中央区日本橋などに集中し、商業地域は渋谷区原宿、表参道に集中している（矢部直人「不動産証券投資をめぐるグローバルマネーフローと東京における不動産開発」)。このように、都市再生緊急整備地域に存在するオフィスビルを中心に、不動産証券による投資が活発に行われていることがわかる。

ちょうどこの時期、アメリカではいわゆるサブプライム・ローン問題が発生した(本山美彦『金融権力』、大橋『証券化の知識』)。住宅ローンの証券は、住宅を取得する際のローンの証券を投資家に販売し、投資家がそれによって利益を得るものである。サブプライムとは信用力の低い借り手のローンである。もともと信用度が低いから高い金利を設定している。それを集めて小口に切り分けることでリスクを減少させるのである。住宅価格の上昇が続くなかで、資力の十分ではない人も借金をして住宅を手に入れ、そのローンの返済によって投資家が利益を得るしくみである。また住宅価格が上昇しているので、家の持ち主はそれを売れば利益が出る。

そうした循環がうまくいっているかぎりは、住宅の持ち主も投資家も潤うのだが、ローンを返せない人も少なくないはずである。それが明らかになれば証券の信用度は下がり、価格が下落するのは当然であった。二〇〇七年にこれは現実化し、アメリカだけではなく世界の金融は大混乱となった。そして〇八年九月には、大手証券会社であるリーマン・ブラザーズの破綻にまで発展した。同社の破綻は日本にも大きな影響を与えた。その際、J

リート市場も一時混乱するが、その後は回復して二〇一六年末の時点で時価総額一二兆円となっている（『土地バブル、バブル崩壊、そして証券化へ』）。

流動する政治のなかの都市

大阪の危機感と政治

ここで話を大阪府、大阪市の政治に移そう。二〇〇八年（平成二〇）一月の大阪府知事選挙で当選した橋下徹は、のちに大阪維新の会、さらに日本維新の会を結成して国政までにらんだ政治活動を展開した。一一年に橋下は、府知事を辞めて大阪市長に立候補し、一一月の選挙で現職を破って当選、府知事選でも大阪維新の会の候補が当選した。

その際に、大阪維新の会は「大阪都構想推進大綱」（大阪維新の会ウェブサイト）を発表している。同大綱は、大阪の危機については次のように認識している。すなわち府民の所得低下の一方で、府庁などの職員は優遇され「公務員天国」という状態があるが、そのなかで府民が安心して生活できる大阪、経済成長による恩恵を享受できる大阪の建設が求められる。その際、大阪の経済状況の悪化が強調される。すなわち工業都市大阪は、従来依拠していた産業である重化学工業から、のちに脱工業化の時代になっていく際に付加価値の高い知識集約型産業への転換をはかることができなかった。そしてそのことは、在阪企業の流出を許している。その一方で、高い生活保護率、低い消費支出、高い完全失業率などがみられるというのである。

続けて、世界の大都市が民間投資獲得をめぐって都市間競争を繰り広げており、そのなかでは統一された経済成長戦略のもとで、経済のしくみを変える規制緩和などの構造改革や、新たな産業分野への投資などの戦略的な経済対策が求められるという。こうした現状のなかで大阪の自治体改革が必要であり、大阪府と大阪市という二重行政の問題を解消しなければならない。成長戦略を実行可能とするためには、この打破が絶対条件である。大阪都ないし広域自治体は、大阪の「安全を保障」し、経済成長を進める事業、統一性が必要な事業を引っ張っていくのである。また都のもとにある基礎自治体は、住民自体が積極的に参画し決定に関与するべきであり、コミュニティを基礎とした住民ニーズに対応できる機動性も重要であるという。

以上のように大阪都構想は、東京が政府主導の都市再生政策の流れに適応し、というよりもその推進力になっていった一方で、工業都市からの転換をうまくはかれなかった大阪が劣位に置かれているという認識を基本としていた。大阪では、一九八〇年代には大阪湾開発、関西国際空港の開設、オリンピック招致などによる「国際集客都市」が目指されたが、人口流出と産業空洞化の歯止めにはならなかった。二〇〇〇年代の都市再生事業のもとで、大阪でも人口と産業の回帰がみられるというが、大阪湾のウォーターフロント開発などの再開発事業では、大阪府と大阪市などの事業の競合により非効率が生まれたという事情もある（砂原庸介『大阪』）。こうして大阪都は、世界レベルの都市間競争に打ち勝つための経済成長を実現し、他方では住民と距離の近い役所が、大阪市内のコミュニティ再生を担うという二正面作戦として構想された（『体制維新　大阪都』）。まさに東京が進んだ道を大阪も歩むという発想の下にあるといってよい。

民主党政権と都市再生

二〇〇九年（平成二一）九月から一二年一二月までの民主党政権時代も、都市の国際競争力という視点からの都市再生という考えは連続しており、またその面ではなお一層の展開をみせた。一一年四月の都市再生特措法の改正では、アジア諸国の都市と比較して国際競争力が低下しているなかで、国全体の成長を牽引する大都市において、官民が連携して市街地整備を推進し、海外から企業・人等を呼び込むことができる魅力ある都市拠点を形成するとされた。また少子高齢化・人口減少が進展し財政が悪化するなかで、行政だけではなく企業や特定非営利活動法人等の民間主体のまちづくりへの参画、あるいは官民連携によるまちづくりを推進するとしていた（「衆議院国土交通委員会」二〇一一年三月三〇日）。こうした大枠のもとで、都市再生緊急整備地域に重複するかたちで、特定都市再生緊急整備地域が置かれて、国際競争拠点都市整備事業などの設定が可能となった。

二〇一一年三月には、東日本大震災が発生した。東北・北関東地方を中心に地震とそれにともなう津波によって甚大な被害が出ると同時に、福島第一原子力発電所の事故は地域住民に大きな損害をもたらし、国民全体に衝撃を与えた。これに関連するものとして都市再生特措法の二〇一二年改正で、防災対策の計画的推進がうちだされた。ここでは、都市再生緊急整備地域における滞在者等の安全確保のために必要な施設の整備、円滑な誘導、情報提供等について、官民の協議会を設けて計画を策定するという（都市再生安全確保計画制度）。さらに、それらの施設の建築確認・耐震改修の認定等についての、手続き一本化なども行われた（「衆議院国土交通委員会」二〇一二年三月一六日）。

特区制度の活用

二〇一〇年代の都市再開発の展開において特筆しなければならないのは、特区制度の活用がなされたことである（図22）。もともと小泉内閣の時代には構造改革特区を設け、指定を受けた地域では事業を法律上の特例措置のもとで展開できるようにした。民主党政権時代である二〇一一年（平成二三）六月の総合特別区域法では、産業の国際競争力の強化および地域の活性化に関する施策の推進をはかるため、閣議決定により基本方針を定めるとした。そのうえで、地方公共団体が規制の特例措置等を提案できる手続きや、それに関連する協議会について規定した。そのもとで、国際戦略総合特区、地域活性化総合特区が設定された。

国際戦略総合特区の例として、東京都によるアジア・ヘッドクォーター特区があげられる。これも経済を引っ張っていく東京の都市戦略という位置づけである。具体的には外国企業を誘致するため、ビジネスや生活の環境整備を行うものであった（「アジア・ヘッドクォーター特区」東京都ウェブサイト）。のちの事業をみると、東京都心・臨海地域、新宿駅周辺地域、渋谷駅周辺地域、品川駅・田町駅周辺地域、羽田空港跡地などに、アジア地域の業務統括拠点・研究開発拠点を設置する外国企業を誘致することが進められた。そのため国税の減免や都税である法人事業税などの全免、入国審査の迅速化などが可能とされ

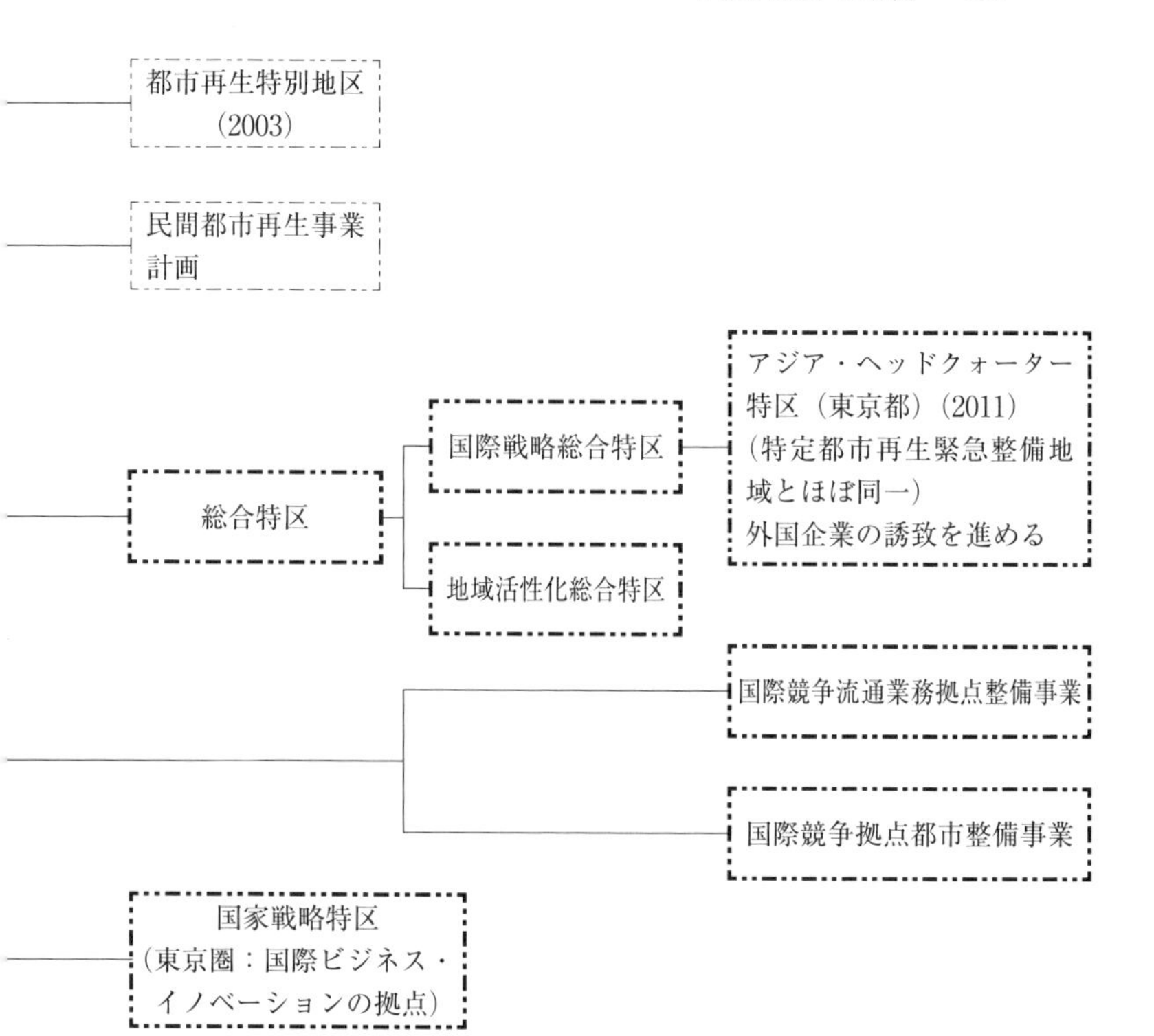

都市再生特別地区
(2003)
民間都市再生事業
計画
総合特区
国際戦略総合特区
地域活性化総合特区
アジア・ヘッドクォーター
特区（東京都）(2011)
(特定都市再生緊急整備地
域とほぼ同一)
外国企業の誘致を進める
国際競争流通業務拠点整備事業
国際競争拠点都市整備事業
国家戦略特区
(東京圏：国際ビジネス・
イノベーションの拠点)

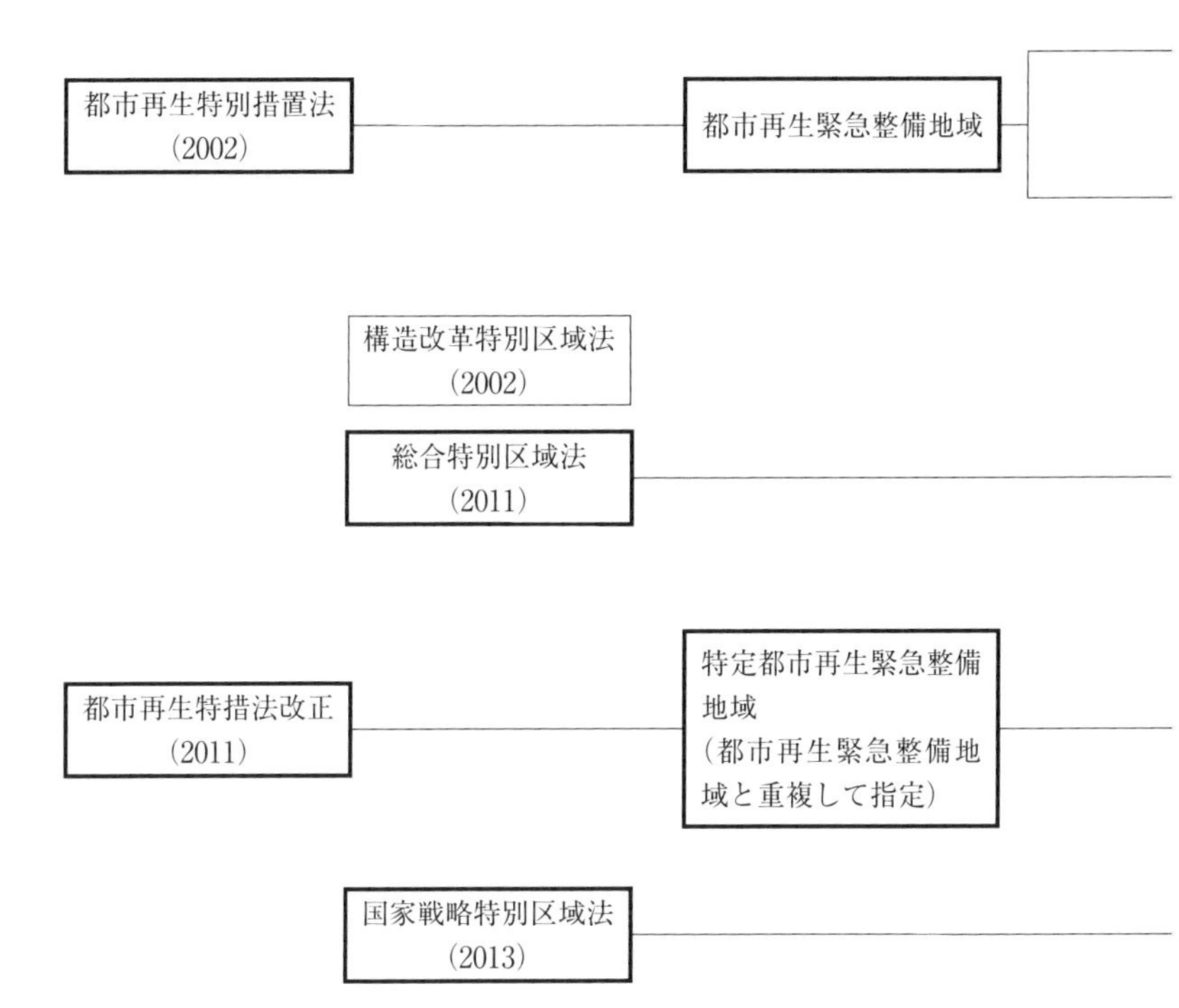

図22　都市再生政策から特区へ

たのである。その他、神奈川県では京浜臨海部ライフイノベーション国際戦略総合特区、関西では、関西イノベーション国際戦略総合特区が指定されている。

二〇二〇年の東京

安倍政権と都市再生の新たな展開

二〇一二年（平成二四）一二月の衆議院総選挙では自民党が勝利し、第二次安倍晋三内閣が誕生した。このとき、石原都知事は衆院選に出馬するために辞職し「太陽の党」を結成した。石原を引き継ぐかたちで、作家であり副知事をつとめた猪瀬直樹が立候補して四三三万票以上という史上最多の得票で都知事に当選した。

国政では民主党政権にかわって自民党政権が復活し、都市再生政策を含めて新たな展開がみられていく。経済政策面においては二〇一三年一月、政府と日銀が二％のインフレ・ターゲットを設定して、金融緩和を進めていった。また六月には日本再興戦略・骨太の方針を発表した。「三本の矢」と呼ばれた政策は次のとおりである。第一の矢として、大胆な金融緩和によって貨幣流通量を増やしてデフレマインドを克服する。第二の矢として、積極的な財政出動により、政府が需要を創出する。そして第三の矢は、民間投資を喚起する成長戦略として規制緩和を推進するというものであった（「アベノミクス　三本の矢」首相官邸ウェブサイト）。

第三の矢にかかわる都市再生関連政策として、首相のイニシアティブで成長戦略を実行する国家戦略特区が提示された。これは従来の特区と同様、国・自治体と民間（資本）の三者一体の活動のため、規制改革を推進するものである。そのため首相を長とする国家戦略特区諮問会議を設置し、また大臣・自治体首長・民間事業者により、その特区ごとに統合推進本部を置いて政策をトップダウンにより進める体制をつくっていく（「日本再興戦略－JAPAN is BACK」首相官邸ウェブサイト）。

この国家戦略特区は立地競争力増強の一環であった。すなわち、二〇二〇年までに、世界銀行のビジネス環境ランキングで現在一五位である日本を三位以内に、また世界の都市総合ランキングで現在四位の東京を三位以内に入るようにすることが目指された。そのための事業環境の整備が必要だという。特区では、容積率・用途等土地利用規制の見直しを行うことが可能となる。また企業活動にたずさわる外国人のための医療・教育機関の整備が求められた。その一方で、大都市以外の地方都市は、「コンパクトシティ」の実現、あるいは「身の丈に合った再整備」などが進められていくことになる。東京など大都市部と、それ以外の地方都市を完全に差異化することを意味していよう。

そして、まさに「三本の矢」政策と都市再生は密接に連動するものであった。第二の矢である政府による需要の創出を、それも民間資金の動員により進めていくものである。また第一の矢である金融緩和に関していえば、日銀は市中の国債を買いあげることに加えて、ETF（上場投資信託）とJリートを大量に購入している。これはもともと二〇一〇年一〇月に始まった政策であった。その後、金融緩和が進むなかで追加的に買い入れが行われた。そのことが、株や不動産証券の安定的な取引を支え、都市再生事業の一環として展開される再開発事業への投資を呼び込んでいるのである。こうして都心の地価を高値で推移させ、そこに投資を呼び込んでいくという構造ができあがっていった。

ポスト石原都政と東京

東京都では、石原慎太郎の知事辞任ののち、二〇一二年（平成二四）一二月に猪瀬直樹都知事が誕生した。猪瀬都政は、一三年九月、一度は失敗したオリンピック誘致を成功させた。しかし、一二月には金銭授受問題で辞職を余儀なくされ、国際政治学者で衆議院議員などをつとめた舛添要一が、一四年二月に都知事に就任する。だが舛添は公金の支出をめぐって批判を受けて辞職した。その後の都知事選挙の結果、一六年八月に小池百合子が都知事となった。猪瀬・舛添・小池と知名度の高い、また政治家としての個性が強い知事が続くことになるが、石原都政の時代に始まった、都市を経済成長のエンジンと位置づけ、そのため政府の都市再生政策との連動によって都心の集中的な再開発を進めていく姿勢は明らかに継続している。

舛添時代の都政構想であった「東京都長期ビジョン」（二〇一四年一二月）では、「世界をリードするグローバル都市の実現」が掲げられ、そのなかの「日本の成長を支える国際経済都市の創造」の部分で、世界で最もビジネスしやすい都市をつくり、国際的な都市間競争を勝ち抜き、新しいビジネスと投資・雇用が創出され、東京が経済成長を牽引していくとする。また中小企業が成長産業に参入するなどして、イノベーションを生み出していく。オリンピック・パラリンピックの開催の経済効果それ自体が大きいのはもちろんであるが、これをきっかけとしてグローバル社会に対応した、国際ビジネス環境の整備を進めることも述べられた（「二〇二〇年に向けた東京都の取り組み」東京都オリンピック・パラリンピック準備局ウェブサイト）。

「東京都長期ビジョン」の構想は、基本的に小池都政に引き継がれたが、小池都政は新たに二〇一六年一二月、「都民ファーストでつくる『新しい東京』—二〇二〇年に向けた実行プラン—」（東京都ウェブサイト）を策定した。これは「セーフシティ」、「ダイバーシティ」、「スマートシティ」の実現をスローガンとし、東京オリンピック・パラリンピックの開催と、それをテコにした東京、ひいては日本の持続的成長を進めるというものである。そこで「スマートシティ」のなかには、国際経済・金融都市の実現が含まれていた。そこでは、特に千代田区大手町から兜町地区を、金融系企業や高度金融人材が集まる「アジアナンバーワンのショーケース」とすること、国家戦略特区の活用で、東京に第四次産業革命関連企業や金融系外国企業を誘致すること、さらに東京から日本経済を活性化させることが強調された。そのほか、中小企業の成長産業分野への参入などを促すこと、農林水産業の育成などもつけ加えられているが、重点は金融都市の構築であろう。

小池都政は、二〇一六年一二月から、「国際金融都市・東京のあり方懇談会」を立ちあげ、一七年一二月に「東京版ビッグバン」を策定していた。また石原都政時代の環状メガロポリス構想も大枠において引き継がれている。東京都都市計画審議会の答申（一六年九月）では、環状メガロポリス構想を発展させ、「センター・コア・エリア」の部分に「中枢交流拠点域」を設け、そのなかに「国際ビジネス交流ゾーン」を設定する。そして「中枢交流拠点域」と「多摩広域拠点域」を日本と東京圏の持続的な成長と活力をリードする「エンジン」とすることをうたった（「二〇四〇年代の東京の都市像とその実現に向けた道筋について　答申」東京都都市計画審議会ウェブサイト）。小池都政が強調する国家戦略特区の活用も、この地域にとって非常に重要な意味をもつことになる。

国家戦略特区と東京

国家戦略特区のしくみの概略は次のとおりである。対象となるのは、都市再生だけではなく、観光、医療、介護、教育、農林水産業などさまざまな分野の事業である。区域ごとに区域会議が設けられ、担当大臣が自治体・民間企業のトップから規制改革案の提案を受けて決定する。またその上で、特区諮問会議において総理大臣が決定を下すかたちとなる。これにより迅速な規制改革をともなう事業が行われるという（「国家戦略特区の都市再生プロジェクトと国際的経済活動拠点の形成」）。

東京圏（東京都・神奈川県・千葉市・成田市）国家戦略特別区域会議の場合、たとえば二〇一四年（平成二六）一〇月一日の第一回会議では、内閣府特命担当大臣、内閣府大臣政務官など政府関係者のほか、関連自治体首長の舛添都知事、神奈川県知事、成田市長、有識者議員ほかが出席している。また都市再生分野での提案にかかわって、三菱地所会長などが出席し、医療・創薬関係の提案についても自治体・病院から出席があった（「東京圏国家戦略特別区域会議（第一回）議事要旨」首相官邸ウェブサイト）。なお、一時期話題となった加計学園による獣医学部設置も、この制度を利用して愛媛県今治市が提案したものである。

都市再生にからむ特区では、都市計画等にかかわる多くの特例措置が認められている。具体的には、容積率の緩和・都市計画の手続きの簡略化、道路占用許可にかかる要件の適用除外、航空法による高さ制限に関する特例、汚染土壌搬出時の認定調査の対象項目の限定などである。

特に、都市計画の決定・変更で必要な手続きのうち、いくつかを省略できることが重要であろう。また特定都市再生緊急整備地域で行われる都市再生事業では、民間都市再生事業計画のうち、大臣の認定を受けたものは、民間都市開発推進機構（民都）の金融支援や、税制措置などを受けることができる。特区の区域計画にこの民間都市再生事業計画が盛り込まれていれば、手続きを簡略化できる。また国家戦略住宅整備事業では、グローバル企業等の職住接近の住宅整備に関して、容積率の上限を住宅用途に限って緩和することができるというわけである（「国家戦略特区の都市再生プロジェクトと国際的経済活動拠点の形成」)。これをみるかぎり、完全に都市間競争に勝つための拠点づくりを目標としたものであることがわかる。

二〇一六年五月の時点での、東京圏の都市再生にからむプロジェクトは、横浜駅西口に関連する一件を除いて二八件が、東京それも都心三区をはじめとしたものである。たとえば大手町(常盤橋)街区再開発プロジェクト(三菱地所)は、一〇ヘクタールの場所に二〇二七年の完成予定で、四棟のビルを建設していく。プロローグでふれたが、そのうち一つは地上三九〇メートルである(「『常盤橋街区再開発プロジェクト』計画概要について」三菱地所株式会社ウェブサイト)。そのほか、品川駅前、虎ノ門一・二丁目などの超大型プロジェクトが実施されている。

オリンピックと都市再開発

二〇二〇年に行われる予定のオリンピック・パラリンピックの会場は、東京では大きくいってヘリテッジゾーンと、東京ベイゾーンに集約される。前者は一九六四年(昭和三九)の大会で使用された会場の「レガシー」を引き継ぐ場であり、後者は「東京の未来を象徴する」意味のある場だという(「会場」東京オリンピック・パラリンピック競技大会組織委員会ウェブサイト)。

東京ベイゾーンはその名のとおり、有明、青海、辰巳など臨海副都心の地域である。過去には、東京湾の埋立地を一九四〇年に開催される予定であった万国博覧会の会場にしようという計画もあった。その年に予定されていたオリンピックも万博も開催されずに終わった。そして本書でもふれたとおり、八〇年代になって臨海（部）副都心として新たに活用が試みられたが、世界都市博は中止となり、企業の誘致も計画どおり成功しなかった。一六年のオリンピック開催に名乗りをあげたときも含め、この臨海副都心の空間を活用して存在意義を示すことが東京都にとっての悲願だったのである。

同じ臨海副都心の晴海には、オリンピックの選手村が建設される予定である。これは大会開催の期間は選手の宿泊施設として利用され、その後はマンションなど住居として使われることになっている。その際、選手村の用地である一三・四ヘクタールの事業は晴海五丁目西地区第一種市街地再開発事業として行われ、特定建築者として三井、住友、東急、三菱地所、野村などの大手ディベロッパーに売却され、彼らが開発にあたることになる（「晴海五丁目西地区第一種市街地再開発事業の特定建築者予定者を決定しました」東京都都市整備局ウェブサイト、遠藤哲人「東京の市街地再開発事業の状況と変せん」）。都有地の民間企業への売却にあたっては、土地譲渡価格が近隣地域の地価に比べて一〇分の一程度という格安の値段であることが問題であるとして、市民団体による訴訟が起こされた。

図23　環状２号線（2019年撮影）　道路の奥が虎ノ門ヒルズ．

環状二号線の整備

他方、オリンピックのための事業ではないが、環状二号線（図23）の整備は都心とオリンピック会場を結ぶ幹線道路として機能するのであるから大変重要である。もともと関東大震災後の帝都復興計画に存在したルートが、戦後復興の過程で復活して幅員一〇〇メートル（のち四〇メートルに縮小）の環状二号線として都市計画決定が行われた。ＧＨＱが計画したわけではないが、「マッカーサー道路」とも呼ばれることがある（越澤明『後藤新平』）。全体は、新橋四丁目から虎ノ門、赤坂見附、四谷見附、市ケ谷、水道橋、万世橋、神田佐久町に至るルートであるが、新橋・虎ノ門間の約一三五〇メートルの事業が進んでいなかった。

この場所は都市計画決定がなされているため、三階以上の建物を建てられないなどの不便を強いられているとして、一九七〇年代に計画の廃止を求める住民運動が始まった。八〇年（昭和五五）八月、港区都市計画審議会が、廃止が望ましいとする答申を出したが（『朝日新聞』一九八〇年七月一九日、八月二六日）、計画の変更はなされなかった。

また中曽根民活では、汐留の旧国鉄跡地の再開発と臨海副都心開発が重要な事業として位置づけられたため、政府は東京都による道路整備を求めた。しかしこの時期の地価高騰で、一九八五年頃には道路建設費二〇億円に対して、用地買収などの費用が四二八〇億円という高値となっており、都は政府に計画の見直しを求めるほどであった（『朝日新聞』一九八六年九月二〇日）。その後の地価の高騰で、二年後の新聞報道では建設費は一兆円、そのほとんどが買収にかかわる費用だという（『朝日新聞』一九八七年六月七日）。こうして、計画の廃止を求める要求、買収により建設を進める要求など地元の要求は錯綜し、地下道方式で道路を通す案も浮上した（『朝日新聞』一九八八年四月二日）。

一九九〇年代に入り、汐留の再開発が始まると、環状二号線は汐留を通って臨海副都心にいたる幹線道路として着工が始まった。バブルの崩壊、臨海副都心開発の見直しなどもあったが、青島都政の「東京都総合三か年計画」（前述）でも、都心と副都心の整備のため環状二号線を含む市街地整備事業が、北新宿地区の再開発とともに重要な位置づけを与えられていた。のち、二〇〇二年（平成一四）一〇月には都が事業計画決定を行い、工事が進められたのである。こうして環状二号線は、森ビルが建設した虎ノ門ヒルズの地下を通るという立体道路制度を利用して開通しようとしている。汐留から晴海に至る途中では、築地市場跡地を通過する計画である。

卸売市場移転問題

ところで、築地にあった中央卸売市場は、もともと日本橋に存在した魚市場が関東大震災で大きな被害を受けたため、一九三五年（昭和一〇）に移転したものである（図24）。石原都政の時代である二〇〇一年（平成一三）一二月、豊洲への移転が決まった。のちには平成二四年（二〇一二）度開場という予定が立てられたが、新市場予定地の土壌汚染の対策を講じる必要が出てきた。もともとこの場所は、東京ガスの工場が存在し有害物質による汚染が認められた。〇九年二月には、土壌汚染対策工事を含む整備方針が策定され、東京ガスとの土壌汚染対策費用の負担と用地取得について合意が交わされ、一一年四月には都がすべての用地を取得した。以後、土壌汚染対策を進め一四年二月、新市場建設工事が始まった（「豊洲市場年表」東京都中央卸売市場ウェブサイト）。

しかし二〇一六年八月、就任した小池都知事のもとで移転の延期が表明された。土壌汚染への対策が不十分であることがわかり、プロジェクトチームによる自己検証を経て追加対策工事が行われ、一八年八月に知事が安全性を確認した旨を表明した。築地市場移転反対の運動も続くなかで豊洲市場が開場したのは同年一〇月である。

図24　築地市場（フォトライブラリー提供）

築地の市場跡地はオリンピック期間中、選手などの会場への移動拠点として使用されるが、その後の利用方法として、知事から「食のテーマパーク」機能を有する新たな市場とする案も表明されていた。だが、二〇一九年には国際会議場（MICE施設）を設置することを検討していることがわかり（『朝日新聞』二〇一九年一月一六日）、自民党などからも反対を受けた。また歴史学研究者などから、築地市場の学術的な調査とその成果の公表と保存活用のため、解体工事の中止が都に申し入れられた（北條勝貴「築地の〈亡所〉化に抗う」）。

首都改造の歴史と現在──エピローグ

二つのオリンピックの間の首都改造

以上、一九六四年（昭和三九）のオリンピックのあたりから、二〇一九年（令和元）までの首都改造の歴史を駆け足でたどってきた。最後に都市再開発の歴史性、つまりそれぞれの時代の条件のなかでそれをいかに位置づけるかという問題と、都市再開発と政治のあり方の関係という二つの視点で全体を概観しておきたい。図25は、全体の理解を助けるために歴史的展開を概念図であらわしたものである。

まず都市再開発の歴史性からみていこう。東京オリンピック後の一九六〇年代後半、都市再開発を進める法制が整備されたが、この時期の国土開発は地方の工業化と交通網の整

1980		1990	
1989 天安門事件		社会主義体制の崩壊	グローバリゼーションの進行 1991 湾岸戦争
1980-89 レーガン政権(米)			欧米社会民主主義のネオ・リベラル化 社会党(社会民主党)・国民党による福祉国家の衰退と自由党の台頭(オーストリア) 1993-2001 NY ジュリアーニ市政

1980年代			1990年代
国債累積と貿易摩擦に対応した内需拡大	バブルと地価高騰の深刻化 土地基本法(1989)による取引抑制	バブル崩壊	平成不況 1990年代後半 構造改革の要請(金融を含む)
中曽根民活とアーバンルネッサンス 民間版ニューディール			土地の不良債権化 土地利用の抑制から利用へ
鈴木都政(1979-95)による臨海副都心開発構想			青島都政(1995-99)による世界都市博の中止 臨海副都心開発の見直し
政府・東京都による再開発推進 (臨海副都心開発をめぐる競合) 資本の活動領域拡大			政府による不良債権処理 都の財政難と臨海副都心開発の停滞 金融機関・不動産資本の困難
1982 大川端リバーシティ21事業認可 1986 アークヒルズ竣工			1991 都庁・都立大移転 1993 レインボーブリッジ 1998 丸の内再構築開始(2002丸ビル)
1981 臨調・行革開始	1980年代末 バブル・地上げの社会問題化		1995 阪神大震災, オウム事件

図25　都市再開発と政治の歴史的展開(1) 1960〜90年代

年　代	1960	1970
世界の動き	ベトナム戦争	冷　戦　体　制
欧米福祉国家の変化	1964 偉大な社会(米)	欧米福祉国家の衰退 1979-90 サッチャー政権(英)
ニューヨーク市政の変化など	1966-73 ニューヨーク リンゼイ市政 アーバン・リベラリズムの時代	NY 市財政悪化
	1960年代後半	1970年代
経済政策・開発政策の基調	高度経済成長と国土の均衡ある発展 開発の中心＝地方	高度経済成長の持続と地方開発の進展
都市再開発政策の位置	東京オリンピックと都市改造 都市再開発政策の枠組できる (都市政策大綱) ディベロッパーの活用	都市部などの地価高騰への批判 「民間デベロッパー綱領」(1973)
都政の基調	都市問題の深刻化と美濃部革新都政の誕生(1967-79)	革新都政による防災拠点開発
都市再開発における主体の対抗と協調の態様	政府による都市再開発政策始動 資本(ディベロッパー)の後押し × 革新都政 市民運動(開発抑制)	
高層ビル建設など	1968 霞が関ビル 1969 白鬚東地区再開発開始	1971 京王プラザホテル(新宿)
社会の諸相	1964 東京オリンピック	1973 オイルショック

備に力が注がれた。七〇年代には、列島改造政策とともに地価高騰があらわれた。この頃東京をはじめ大都市に誕生していた革新自治体は、民間主導の都市再開発に対抗的であった。また市民運動による開発反対の動きも展開した。とはいえ東京では、工場跡地などでの大規模再開発プロジェクトが取り組まれた。江東防災拠点整備などがそれである。また西新宿の再開発もこの時期に始まった。

続く一九八〇年代は中曽根民活と臨海副都心開発の時代であった。この時期は、貿易摩擦解消と国債累積にあらわれた財政悪化への対応として、民間主体の都市再開発政策が浮上する。これは「民間版ニューディール」として財界や一部マスコミの強い要請のもとで行われた。中曽根内閣は民活路線により、東京の再開発を政府主導で進める。その際、東京の事例に典型的なように、経済政策に都市再開発を従属させていくものとなった。当時

2020	
2020年代	
2020	東京オリンピック・パラリンピック開催予定

図25　都市再開発と政治の歴史的展開(2) 2000年代以降

年　代	2000	2010
世界の動き	2001 9.11事件 2003 イラク戦争	ネーション・ステートへの回帰？ 2016 Brexit
欧米福祉国家の変化	2009 オバマ政権（米）	2017- トランプ政権（米）
ニューヨーク市政の変化など		2014- NY デブラシオ市政
	2000年代	2010年代
経済政策・開発政策の基調	小泉構造改革 開発における選択と集中	インフレ・ターゲット 金融緩和と日銀による国債・J-REIT などの買い上げ＝価格安定
都市再開発政策の位置	都市再生政策の展開 規制緩和による都市再開発 不動産証券化（2001　J-REIT 上場）	特区によるさらなる再開発推進
都政の基調	石原都政（1999-2012）による環状メガロポリス構想	オリンピック誘致による臨海副都心の活用
都市再開発における主体の対抗と協調の態様	政府主導の都市再生政策　←　資本の政策立案関与 都心再開発をめぐる国と都の一体化 都と不動産資本の協力	
高層ビル建設など	2002 汐留地区街開き（シオサイト） 2003 六本木ヒルズ竣工 2007 東京ミッドタウン竣工	2014 虎ノ門ヒルズ竣工
社会の諸相	2005 総人口減　2007 大阪で橋下府政誕生 2008 リーマンショック	2011 東日本大震災・原発事故

の鈴木都政は、臨海（部）副都心開発を展開して、政府との一定の競合関係も生まれた。とはいえ基本的には国・都・民間による都市再開発政策が本格化した。この時期、バブル経済と地価高騰が深刻化し、八〇年代後半には政府は土地基本法の制定により投機的な土地取引を抑制しようとした。

一九九〇年代になると、規模の拡大した臨海副都心開発と世界都市博覧会開催への批判が生まれた。さらにバブル経済の崩壊と都税収入減少が深刻化していった。そうしたなかで、九五年（平成七）知事選では都市博開催中止を唱えた青島幸男が当選し、中止の決断を下した。一方、彼は「生活都市・東京」をうちだした。そのころバブル崩壊・地価下落で、企業・金融機関は不良債権を抱え、これは日本経済に深刻な打撃を与えた。橋本内閣期には六大金融システム改革が進められた。また不良債権化した土地は、民間都市開発推進機構による買いあげが行われた。

小泉内閣のもとで二〇〇二年から本格的に始まった都市再生政策は、政府主導で都市再開発を進め経済活性化につなげるものであった。こうして都心での都市再開発は、経済政策と不可分となった。この政策と連動して制度化された都市再生緊急整備地域にみられる「緊急」というタームは、災害の発生に備えて早急に町並み整備をはかるということが最も重要であるという意味ではない。国の観点からして、都市開発事業等によりスピーディかつ重点的に市街地を整備し、地域再生の拠点となる見込みのある地域である（「衆議院国土交通委員会」二〇〇二年三月一四日）。一方で石原都政も環状メガロポリス構想をうちだし、それまでの多心型都市構造を転換させて、都心の再開発を特に重視した。

さらに二〇一〇年代から特区における都市再開発を含む政策が展開された。民主党政権下において総合特別区域法が制定され、産業の国際競争力強化・地域活性化がもくろまれた。その後の第二次安倍内閣では国家戦略特別区域法が制定され、特定のプロジェクトに対して規制緩和による事業推進を行った。二〇二〇年のオリンピック開催に向けて、政府・東京都は大型の都市再開発を手がけ、都心の風景を大きく変えている。近年、金融緩和とオリンピックを連動させながら東京の大改造がはかられている。こうした状況を「アベノピックス」と名づけて批判する研究者もいる（岩見良太郎『再開発は誰のためか』）。

政府の金融政策と連動しながら、日銀は国債のみならずＥＴＦ（上場投資信託）や不動産証券などを大量に買いあげてきた。二〇一九年五月末でＪリートの日銀保有額は五二五〇億円である。日銀が買うのは格付けの高いＪリートだが、日銀の買う銘柄に民間の投資が集中し、価格がかさあげされているという（『日本経済新聞』二〇一九年六月二七日）。

都市再開発と資本

以上が都市再開発政策を軸としてみた歴史の概観である。都市再開発の展開は、政府、自治体（東京都）、資本（ディベロッパー）、住民などの主体が繰り広げる対抗と協調の歴史でもある。一九六〇年代後半に政府・自民党が主体となって都市再開発の法整備を進めるが、そこでは三井不動産に代表される資本がそれを推進した。しかし革新都政と市民運動はこれに対抗し、また地価高騰はディベロッパーへの世論による批判も強めた。のち八〇年代は、政府・都が資本の活動領域を広げるかたちで再開発を推進した（町村敬志のいう「都市構造再編連合」）。しかしバブルの崩壊は状況を一変させ、金融機関や不動産会社は不良債権の処理に苦慮し、都も財政難にさいなまれた。この間、政府はさまざまなかたちで不良債権処理を進めた。また資本は経済構造の根本的な改革を求め、それが政府主導の構造改革として実現していく。その際、東京の再開発に力をもっていたディベロッパー（森ビルなど）が政府・東京都と連携しながら、政策立案にも関与していった。その意味で、都市再開発にかかわる資本の力は大きく伸びている。そして政府・日銀の路線は、以上の政策展開を後押ししていった。

まさに政府・東京都・資本の利害の一致のなかで、都市再生政策は進んでいる。そしてこれが、国際金融都市を目指しつつ地価の上昇を前提としたビル建設のプロジェクトを続ける推進力である。こうした再開発への投資は、オフィス等の需要の増加と地価上昇とを前提とする。しかし先にみたように、日銀によって不動産証券などが政策的に購入されているということを、どう考えるべきなのか。いずれにせよ、オリンピックが終わってからも東京都心の再開発は止まらないであろう。というよりも、資本の行き着く先がほかにみいだせないかぎり、止めることができないに違いない。その意味では都心はさまざまな点で魅力的であると、人が信じ続けなければならない。

図26　再開発の進む大手町を背景とした高度成長期のビル街（千代田区神田美土代町，2018年撮影）

　加えて、より長期的な問題であるが、五〇年後あるいは一〇〇年後に、いま都心に林立している超高層ビルはどのような姿になっているのだろうか。霞が関ビルが建設されて五〇年以上が経過したが、高層ビルを計画的に建て替えていくことなど可能なのだろうか。

さらに都市再開発が進められる時代のなかの政治という視点で、本書で述べてきたことをまとめておこう。プロローグで提起したとおり、本書ではこの三〇年ほどの都市再開発の進展と、政治のあり方に何か関係がみいだされるのではないかという前提に立っている。自治体政治においてみられる、カリスマ的な政治家の活躍という点を指摘すれば、何となくイメージしていただけるだろうか。具体的には都政における石原知事と、大阪の事例である。一方の東京では、政府の進める都市再生政策と連動した環状メガロポリス構想をうちだした。他方、大阪では、府・市という枠組みを変革することを当面の目標としている。後者は、東京への都市再生事業などの集中をみるなかで、大阪にも同じような施策を呼び込み、経済成長のエンジンを獲得することを目的とする。その意味では、求めるものには類似点があるといえよう。

都市政治の現在をどうみるか

そしてニューヨークのジュリアーニ市長が、既存の都市福祉政策を転換させ、また犯罪の防止をその行政の中心に据えたことは、石原都政の政治手法にも大きな影響を与えている。他方、ウィーンの事例を出したのは、一九八〇年代まで機能していた既存の福祉国家体制が、経済成長の鈍化によって動揺し、そうした時期と都市への行政による規制が弱まる時期が重なっていたという現象の意味を考えたかったからである。現象面では、九〇年代はじめに住民の意思により、ウィーンで予定されていた博覧会が中止となる点、東京との共通面が存在していることは興味をひく。

オーストリアの場合、ネオ・コーポラティズムと呼ばれる、産業団体・労働組合などによる協議体制が福祉国家を支えてきたが、それが動揺するなか、経済成長を促進する意味で公営企業の民営化が行われた。ウィーンでも「赤いウィーン」時代から展開されてきた公営住宅政策などが転換して、都市再開発が進められたのはこの時期に重なる。こうしたなかで、国レベルと自治体レベルで、社会民主主義政党と保守政党による既成の政治体制が動揺し、ウィーンの都市政治ではなく国全体のレベルではあるがカリスマ的指導者が、旧来の既得権構造を攻撃するかたちで台頭していった。また外国人労働者の増加が、国内の労働市場を脅かし、あるいは国民の福祉への配分を減退させると主張し、外国人への排撃を正当化する「福祉排外主義」も顕在化した（古賀光生「戦略、組織、動員」）。

このことには、日本を含む世界の「ポピュリズム」の台頭という現象を考えるヒントがあるように思う。工業化の進展と資本主義の順調な発展、それを前提とした国家・都市における福祉行政の展開という構造が機能不全になる。さらに製造業の衰退による産業構造の転換がみられ、都市再開発がその代替産業として展開していく。これと同時に、既存の政治構造が動揺を示すなかで既成政党不信が生まれる。そして、こうした不信は、既得権批判、あるいは従来の価値への懐疑に結びつけられる。

とはいえ、以上はあくまでも問題を考えるための補助線にすぎない。そのような見通しをもって、引き続き東京など大都市改造の展開を追っていく必要があると考えている。

あとがき

二〇〇七年に『東京市政―首都の近現代史―』（日本経済評論社）という、明治期から一九九〇年代までの通史を刊行し、このあとの時代についても書きたいと思っていた。前著であまり述べられなかった都市再開発に焦点を合わせ、政治史的に描こうと漠然と考えた。しかしこれが思うようにいかず、時間のみが経ってしまった。どのように現代都市を描けばよいか、なかなか視点が定まらなかったのと、史料的にも制約が大きかったからである。そのこともあって、隣接諸分野で発表された研究に広く目をとおすようにした。本書では、研究史には十分ふれられなかったが、『同時代史研究』第一二号（二〇一九年一二月刊行）に「大転換のなかの東京」という研究史整理の論文を書いたので、こちらを参照していただきたい。

研究史をふまえ、自分なりの歴史像を出していく作業も同時に進めた。まず「都市・自治体政治における『戦後体制』とその変容」(『年報日本現代史20』現代史料出版、二〇一五年)を執筆する機会を与えられた。この論文は本書の一部を構成している。また二〇一七年の東京歴史科学研究会の講座での講演(「東京の変貌からみた歴史学」)や、歴史学研究会大会現代史部会(「都市の『開発』と戦後政治空間の変容」)でのコメントも私にとって有益な経験となった。立教大学文学部史学科、歴研現代史部会などが主催したシンポジウム「菊池信輝著『日本型新自由主義とは何か』をめぐって」(『年報日本現代史23』現代史料出版、二〇一八年)へのコメントも本書の執筆に生かされている。その他、首都大学東京(二〇二〇年四月から名称を変更した)などでの講義を準備する過程、それにゼミのフィールドワークで都心を歩くなかで本書の構想を練ることができた。

そしてJSPS科研費(JP17K03104 二〇一七~九年度 基盤研究(C)「都市再開発政策の歴史学的研究」)の交付を受け、また大学の研究費によって、外国の都市についての研究状況や実際の都市再開発の調査を行った。

こうしてもちろん十分とはいえないものの、一九六四年のオリンピックから、二〇二〇年にいたる時期の首都改造について書いてみた。これでようやく入り口に立てたのではないか。

なお次の機関に文献や史料の調査で大変お世話になった。

国立公文書館、東京都公文書館、国土交通省図書館、公益財団法人後藤・安田東京都市研究所市政専門図書館、首都大学東京図書館、東京都立中央図書館東京室、ウィーン市役所第一八部（都市開発部）ならびに同市役所図書館。

そして吉川弘文館編集部のみなさんは、本書の企画を進め、いろいろとアドバイスを下さった。お世話になったすべての方にあつく御礼申し上げたい。

二〇二〇年二月

源　川　真　希

参考文献・史料

文献・論文

＊著者名の五十音順、アルファベット順に配列。本文での洋書の引用は著者名のみ示す。

飯尾　潤「中曽根民活政策」『年報　近代日本研究15　戦後日本の社会・経済政策』山川出版社、一九九三年
五十嵐敬喜・小川明雄『「都市再生」を問う』岩波書店、二〇〇三年
池尾和人『日本の〈現代〉7　開発主義の暴走と保身』NTT出版、二〇〇六年
岩見良太郎『再開発は誰のためか』日本経済評論社、二〇一六年
上野淳子「『世界都市』後の東京における空間の生産」『経済地理学年報』六三―四、二〇一七年
遠藤哲人「東京の市街地再開発事業の状況と変せん」『月刊　東京』三八五、二〇一七年
大嶽秀夫『自由主義的改革の時代』中央公論社、一九九四年
大橋和彦『証券化の知識』第二版、日本経済新聞社、二〇一〇年
川島佑介『都市再開発から世界都市建設へ』吉田書店、二〇一七年
菊池信輝『日本型新自由主義とは何か』岩波書店、二〇一六年
北崎朋希『東京・都市再生の真実』水曜社、二〇一五年
橘川武郎・粕谷誠編『日本不動産業史』名古屋大学出版会、二〇〇七年

古賀光生「オーストリア自由党の組織編成と政策転換」『立教法学』八六、二〇一二年
古賀光生「戦略、組織、動員（四）」『国家学会雑誌』一二六―一一・一二、二〇一三年
越澤　明『東京の都市計画』岩波書店、一九九一年
越澤　明『後藤新平』筑摩書房、二〇一一年
佐々木信夫『東京都政』岩波書店、二〇〇三年
サッセン、サスキア（伊豫谷登士翁他訳）『グローバル・シティ』原書第二版、筑摩書房、二〇〇八年
下村太一『田中角栄と自民党政治』有志舎、二〇一一年
進藤　兵「『都市福祉国家』から『世界都市』へⅡ（1）（2）」『名古屋大学法政論集』一七六・一八〇、一九九八年・一九九九年
砂原庸介『大阪』中央公論新社、二〇一二年
高木鉦作「首都圏整備政策と東京改造構想」『國學院法学』一一―四、一九七四年
武居秀樹「石原都政の歴史的位置と世界都市構想」小宮昌平・岩見良太郎・武居秀樹編『石原都政の検証』青木書店、二〇〇七年
塚田博康『東京都の肖像』都政新報社、二〇〇二年
土山希美枝『高度成長期「都市政策」の政治過程』日本評論社、二〇〇七年
東郷尚武『東京改造計画の軌跡』東京市政調査会、一九九三年
西山隆行「アメリカの福祉国家と都市政治」『思想』九六二、二〇〇四年
野口悠紀雄『バブルの経済学』日本経済新聞社、一九九二年

初田香成『都市の戦後』東京大学出版会、二〇一一年
早川和男「都市再開発の悲劇は始まっている」『エコノミスト』一九八三年一二月一三日
原　剛『東京改造』学陽書房、一九八九年
平本一雄『臨海副都心物語』中央公論新社、二〇〇〇年
平山洋介『日本の〈現代〉15　東京の果てに』NTT出版、二〇〇六年
北條勝貴「築地の〈亡所〉化に抗う」『歴史評論』八三六、二〇一九年
本間義人「土地基本法の全体像」本間義人・五十嵐敬喜・原田純孝編『土地基本法を読む』日本経済評論社、一九九〇年
町村敬志『「世界都市」東京の構造転換』東京大学出版会、一九九四年
御厨　貴「国土計画と開発政治」日本政治学会編『年報政治学　現代日本政官関係の形成過程』岩波書店、一九九五年
三橋規宏・内田茂男『昭和経済史　下』日本経済新聞社、一九九四年
源川真希『東京市政』日本経済評論社、二〇〇七年
源川真希「東京の変貌からみた歴史学」『人民の歴史学』一二二、二〇一七年
源川真希「都市・自治体政治における『戦後体制』とその変容」『年報日本現代史20　戦後システムの転形』二〇一五年
源川真希「コメント3　現代政治史―都市再開発の比較政治史―の観点から（「シンポジウム」菊池信輝著『日本型新自由主義とは何か』をめぐって）」『年報日本現代史23　新自由主義の歴史的射程』二

○一八年
源川真希「大転換のなかの東京」『同時代史研究』一二、二〇一九年
村松恵二「オーストリアの新右翼」山口定・高橋進編『ヨーロッパ新右翼』朝日新聞社、一九九八年
本山美彦『金融権力』岩波書店、二〇〇八年
森千香子「移民の街・ニューヨークの再編と居住をめぐる闘い３　強制的包摂ゾーニングの功罪」『UP』五五〇、二〇一八年
矢部直人「不動産証券投資をめぐるグローバルマネーフローと東京における不動産開発」『経済地理学年報』五四―四、二〇〇八年
Brinkley, Alan. "Reflections on the Past and Future of Urban Liberalism," In *Rethinking the Urban Agenda*, edited by John Mollenkopf and Ken Emerson (The Century Foundation Book, 2001).
Hackworth, Jason. *The Neoliberal City* (Cornell University Press, 2007).
Kristol, Irving. *Neoconservatism* (Ivan R. Dee, Publisher, 1995).
Novy, Andreas., Vanessa Redak, Johannes Jäger, Alexander Hamedinger. "The End of Red Vienna: Recent Ruptures and Continuities in Urban Governance," *European Urban and Regional Studies*, 8(2), 2001.
Seiß, Reinhard. *Wer Baut Wien?: Hintergründe und Motive der Stadtentwicklung Wiens seit 1989* (Verlag Anton Pustet, 4. Aufl, 2013).

官庁・東京都・民間団体等の刊行物・雑誌記事等

＊書名の五十音順。引用の便宜上、編著者名は書名のあとに（　）で示す。研究論文に類する論説等も、同時代的なもので史料として位置づけられる場合はこちらに入れてある。
「生きるための都市改造」（田中角栄）『エコノミスト』一九六七年八月二二日
『石原都政副知事ノート』（青山佾）平凡社新書、二〇〇四年
『江戸東京博物館　江戸東京たてもの園　二〇年のあゆみ』（東京都歴史文化財団東京都江戸東京博物館）二〇一四年
「大塚論文〝中曽根民活批判〟を駁す」（与謝野馨）『中央公論』一九八七年二月
「革新都市づくり綱領　シビル・ミニマム策定のために」（全国革新市長会、一九七〇年）全国革新市長会・地方自治センター編『資料・革新自治体』日本評論社、一九九〇年
「規制緩和と民間活力」（山本貞雄）世界平和研究所編『中曽根内閣史　理念と政策』一九九五年
「緊急直言　地価高騰『中曽根民活』の虚構を衝く」（大塚雄司）『中央公論』一九八七年一月
「経済戦略会議の『日本経済再生への戦略』」（経済戦略会議事務局）『時の動き』内閣府、一九九九年四月
『建設省五十年史』（建設省）一九九八年
『国土庁史』（国土庁）二〇〇〇年
「国家戦略特区の都市再生プロジェクトと国際的経済活動拠点の形成」（塩見英之）『不動産研究』五八―四、二〇一六年

「今後の経済対策について」（経済対策閣僚会議）『時の動き』内閣府、一九八三年五月
「座談会　変貌する社会に対応できるか」（石田博英・大平正芳・中曽根康弘）『中央公論』一九六七年八月
『佐藤栄作日記　第三巻』（伊藤隆監修）朝日新聞社、一九九八年
「自民党の反省」（田中角栄）『中央公論』一九六七年六月
『一〇万人のホームレスに住まいを！―アメリカ「社会企業」の創設者ロザンヌ・ハガティの挑戦―』（青山佾）藤原書店、二〇一三年
『ジュリアーニ市政下のニューヨーク』（東京都知事本部企画調整部）二〇〇一年
『白鬚東地区防災再開発協議会議事録集　そのⅠ　自昭和四八年二月至昭和五二年一月』（東京都江東再開発事務所）一九七七年
『資料集　財界の都市改造戦略』（自治体問題研究所）一九八三年
『新都庁舎建設誌』（東京都財務局）一九九二年
『世界都市博覧会－東京フロンティア―構想から中止まで―』（東京フロンティア協会）一九九六年
「戦後保守政治の転回点に想う」（櫻田武・松前重義・江戸英雄インタビュー）『中央公論　経営問題』一九七六年六月
『体制維新　大阪都』（橋下徹、堺屋太一）文藝春秋社、二〇一一年
「〈対談〉二一世紀の東京像を語る」（青山佾、森稔、市川宏雄）『地域開発』二〇〇一年一月
『治安はほんとうに悪化しているのか』（久保大）公人社、二〇〇六年

『テレポートについて』（東京都港湾局）一九八五年
「東京緊急開発行動五ヵ年計画　大綱」（秦野章）一九七〇年
『東京　金融センター戦略』（田中將介監修・三菱総合研究所編）日本経済新聞出版社、二〇〇八年
『東京計画　一九六〇　その構造改革の提案』（丹下健三研究室）一九六一年
『東京構想二〇〇〇』（東京都政策報道室）二〇〇〇年
『東京テレポート構想（骨子）』（東京都港湾局）一九八五年
『東京テレポート構想検討委員会最終報告』（東京都企画審議室）一九八七年
『東京都産業科学技術振興指針』（東京都大学管理本部）二〇〇四年
『東京都総合三か年計画　とうきょうプラン'95　生活都市東京をめざして』（東京都企画審議室）一九九五年
『東京都長期計画　マイタウン東京』（東京都企画報道室）一九八二年
『東京都長期ビジョン』（東京都政策企画局）二〇一四年
『東京都における市街地再開発事業の概要』（東京都都市計画局）一九八四年
『東京都立大学五十年史』（東京都立大学事務局）東京都、二〇〇〇年
『東京の都市計画百年』（東京都都市計画局）一九八九年
「東京ふるさと計画」（自由民主党東京都支部連合会、一九七三年五月）『都政』一九七三年六・七号
『東京問題専門委員第六次助言　再開発について』（東京都企画調整局）一九七〇年六月五日
「特集　白鬚東地区防災拠点計画」『建築文化』一九七八年七月

『都市開発基金』（都市計画協会）一九六五年
『都市開発ファイナンスのいま』（都市開発ファイナンス研究会）ぎょうせい、二〇〇五年
『都市政策大綱（中間報告）』（自由民主党都市政策調査会）自由民主党広報委員会出版局、一九七二年（中間報告は一九六八年五月）
都市政策調査会記録「都市化時代の建設政策はいかに在るべきか」第二回総会、一九六七年三月二七日、都市政策調査会記録第一号
「都市問題と財政・税制」第一一回総会、一九六七年六月五日、都市政策調査会記録第九号
「都市政策への提言　その一〇」第二四回総会、一九六七年七月三一日、都市政策調査会記録第二三号
「都市再開発の新動向」分科会第五回、大都市問題分科会、一九六七年一〇月二四日、都市政策調査会記録第二八号
『都市の再開発について』（都市再開発法制研究委員会）一九六七年一月
「都市『問題』から都市『政策』へ」（野口雄一郎）『朝日ジャーナル』一九六七年一〇月二九日
「土地政策審議会答申」（国土庁土地政策審議会）『自治研究』七三―一、一九九七年
『土地白書』平成一〇年版（国土庁）一九九八年
『土地バブル、バブル崩壊、そして証券化へ』『不動産研究』第六〇巻記念号、二〇一八年
『都立大学はどうなる』（東京都立大学・短期大学教職員組合、新首都圏ネットワーク）花伝社、二〇〇四年

『中曽根内閣史　首相の一八〇六日　上』（世界平和研究所編）一九九六年
「『中曽根民活』は虚構だ　第二弾」（大塚雄司）『中央公論』一九八七年二月
『日本の姿を建設統計で見る　建設活動五〇年史と建設統計ガイド』（建設統計研究会）建設物価調査会、
　二〇〇三年
『野村證券史 1986–2005』（野村ホールディングス）二〇〇六年
『広場と青空の東京構想試案』（東京都企画調整局）一九七一年
「不動産業界の現状と将来」（江戸英雄）『経団連月報』一九六六年八月
「不動産業界の諸問題」（江戸英雄）『経団連月報』一九六二年四月
『平成一二年東京都福祉改革推進プラン』（東京都福祉局）
「保守政党のビジョン」（石田博英）『中央公論』一九六三年一月
『三井不動産七十年史』（三井不動産）二〇〇一二年
「甦れ・東京！　東京再生基本構想」「東京再生計画　都市政策基本構想」（新らしい東京をつくる都民の
　会）『都政』一九七五年三月
『臨時副都心開発懇談会最終報告』一九九六年四月
『ＪＡＰＩＣ　一〇年のあゆみ』（日本プロジェクト産業協議会）一九八九年
『ＪＡＰＩＣ　二〇年史』（日本プロジェクト産業協議会）一九九九年

国会会議録・委員会議録、新聞、公文書

「衆議院会議録」、「参議院会議録」（以上「国会会議録検索システム」http://kokkai.ndl.go.jp/）
『朝日新聞』、『日本経済新聞』（以上、検索システムも利用）、『毎日新聞』、『読売新聞』

東京都公文書館所蔵史料

＊作成年代順で配列した。

「【庁議】東京再開発の基本構想（平田メモ）について」一九六二年六月四日（請求番号　328.B5.07）
「調整会議結果　江東デルタ防災再開発実施計画案の作成作業について」一九六八年一〇月二一日（請求番号　ツ407.7.7）
「調整会議結果　昭和四三年度主要事業　第二・四半期執行実績について」企画調整局、一九六八年一〇月二六日（請求番号　ツ407.7.7）
「江東地区防災再開発計画の進め方について　首脳部会議要録第三三回」一九六八年一一月五日（請求番号　ツ406.6.3）
「『木場地区再開発構想』及び『亀戸、大島、小松川地区再開発計画』について」一九七二年（請求番号　ツ408.08.07）
「首脳部会議要録　大川端地区再開発基本構想について」都市計画局、一九八二年二月二日、「昭和五六年度　企画審議室　首脳部会議」（請求番号　ツ100.09.03）

国立公文書館所蔵史料

＊作成年代順で配列した。

「『港湾の利用の高度化を図るため』を『都市における港湾の利用の高度化を図るため』に修文する理由」（「法令審査原案及び関係資料　民間事業者の能力の活用による特定施設の整備の促進に関する臨時措置法の一部を改正する法律」一九八七年（通商産業省大臣官房総務課、請求番号　平24経産00078100）

「土地基本法についての基本的な考え方」一九八九年（「土地基本法」（1）、請求番号　平22環境00996100）

「土地基本法に関する懇談会」第二回・第三回（「土地基本法」（1）、同前）

「第一八回国土審議会首都圏整備特別委員会計画部会の主な意見」一九九六年四月八日（「平成七〜八年度国土審議会首都圏整備特別委員会2」）（環境庁企画調整局環境計画課、請求番号　平18環境00068100）

「国土審議会第一九回計画部会　ヒアリング資料　建設省」（「国土審議会　全国総合開発協議　その3」一九九六年五月、環境庁企画調整局環境計画課、請求番号　平24環境00234100）

「国土審議会計画部会ヒアリング資料　通商産業省」（「国土審議会全国総合開発協議計画部会ヒアリング」一九九六年五月、環境庁企画調整局環境計画課、請求番号　平24環境00237100）

「緊急国民経済対策」（自由民主党臨時経済対策協議会）（「SPC法令関係決裁（ガイドライン）一九九八年度」金融監督庁監督部銀行監督課、請求番号　平20金融00182100）

ウェブサイト

＊本文に登場した順で配列した（最終閲覧二〇一九年一二月）。

「不動産協会五十年史」（不動産協会、二〇一三年）不動産協会ウェブサイト
http://www.fdk.or.jp/f_etc/pdf/50th.pdf

ドナウシティウェブサイト（Vienna Donau City）
https://www.viennadc.at/

「わが国金融システムの活性化のために」（経済審議会行動計画委員会 金融ワーキンググループ、一九九六年一〇月一七日）内閣府ウェブサイト
https://www5.cao.go.jp/j-j/keikaku/kinyu1-j-j.html

「橋本内閣「変革と創造 六つの改革」のうち「金融システム改革」」首相官邸ウェブサイト
https://www.kantei.go.jp/jp/kaikaku/pamphlet/p27.html

「金融・資本市場競争力強化プラン」金融庁ウェブサイト
https://www.fsa.go.jp/policy/competitiveness/index.html

「ＭＩＮＴＯ機構三〇年のあゆみ」ＭＩＮＴＯ機構（民間都市開発推進機構）ウェブサイト
http://www.minto.or.jp/30th/pdf/anniversary_03.pdf

「川崎駅西口地区第一種市街地再開発事業としての『ミューザ（ＭＵＺＡ）川崎』プロジェクト」（二〇〇四年四月二日）日本政策投資銀行ウェブサイト
https://www.dbj.jp/news/archive/rel2004/0402_pfi-2.html

「東京圏の都市再生に向けて―国際都市としての魅力を高めるため―」（二〇〇〇年一一月三〇日）国土交通省ウェブサイト
http://www.mlit.go.jp/crd/city/torikumi/suisin/tkteigen/tkteigenn.htm
「今後の経済財政運営及び経済社会の構造改革に関する基本方針」（経済財政諮問会議、二〇〇一年六月二六日）首相官邸ウェブサイト
http://www.kantei.go.jp/jp/kakugikettei/2001/honebuto/0626keizaizaisei-ho.html
「都市再生本部　設置経緯」首相官邸ウェブサイト
http://www.kantei.go.jp/jp/singi/tiiki/toshisaisei/konkyo.html
アークヒルズウェブサイト
https://www.arkhills.com/about/development.html
六本木ヒルズウェブサイト
https://www.roppongihills.com/about/development.html
東京ミッドタウンウェブサイト
https://www.tokyo-midtown.com/jp/about/history/
「大阪都構想推進大綱」（二〇一一年一一月一日）大阪維新の会ウェブサイト
https://www.oneosaka.jp/pdf/manifest05.pdf
「アジア・ヘッドクォーター特区」東京都ウェブサイト
http://digi.heteml.jp/tokyo2015/japanese/invest-tokyo/ahq.html

「アベノミクス 三本の矢」首相官邸ウェブサイト
https://www.kantei.go.jp/jp/headline/seichosenryaku/sanbonnoya.html

「日本再興戦略 – JAPAN is BACK」（二〇一三年六月一四日）首相官邸ウェブサイト
http://www.kantei.go.jp/jp/singi/keizaisaisei/pdf/saikou_jpn.pdf

「二〇二〇年に向けた東京都の取り組み」（二〇一五年一二月）東京都オリンピック・パラリンピック準備局ウェブサイト
https://www.2020games.metro.tokyo.lg.jp/taikaijyunbi/torikumi/legacy/soan_ikenbosyuu/index.html

「都民ファーストでつくる『新しい東京』―二〇二〇年に向けた実行プラン―」東京都ウェブサイト
https://www.seisakukikaku.metro.tokyo.jp/basic-plan/actionplan-for-2020/plan/pdf/honbun_zentai.pdf

「二〇四〇年代の東京の都市像とその実現に向けた道筋について 答申」（二〇一六年九月）東京都都市計画審議会ウェブサイト
http://www.toshiseibi.metro.tokyo.jp/keikaku/shingikai/pdf/toushin_1.pdf

「東京圏国家戦略特別区域会議（第一回）議事要旨」首相官邸ウェブサイト
https://www.kantei.go.jp/jp/singi/tiiki/kokusentoc/tokyoken/dai1/gijiyoushi.pdf

「『常盤橋街区再開発プロジェクト』計画概要について」三菱地所株式会社ウェブサイト
http://www.mec.co.jp/j/news/archives/mec150831_tb_390.pdf

「会場」東京オリンピック・パラリンピック競技大会組織委員会ウェブサイト
https://tokyo2020.org/jp/games/venue/
「晴海五丁目西地区第一種市街地再開発事業の特定建築者予定者を決定しました」（二〇一六年七月二八日）東京都ウェブサイト
http://www.metro.tokyo.jp/INET/OSHIRASE/2016/07/20q7s300.htm
「豊洲市場年表」東京都中央卸売市場ウェブサイト
http://www.shijou.metro.tokyo.jp/toyosu/project/step/

著者紹介

一九六一年、愛知県に生まれる
一九八四年、茨城大学人文学部卒業
一九九三年、東京都立大学大学院人文科学研究科博士課程単位取得
現在、東京都立大学人文社会学部教授、博士（史学）

〔主要著書〕
『近現代日本の地域政治構造』（日本経済評論社、二〇〇一年）
『東京市政』（日本経済評論社、二〇〇七年）
『近衛新体制の思想と政治』（有志舎、二〇〇九年）
『日本近代の歴史6　総力戦のなかの日本政治』（吉川弘文館、二〇一七年）

歴史文化ライブラリー
500

首都改造
東京の再開発と都市政治

二〇二〇年（令和二）五月一日　第一刷発行

著　者　源川真希（みながわまさき）
発行者　吉川道郎
発行所　株式会社 吉川弘文館
東京都文京区本郷七丁目二番八号
郵便番号一一三―〇〇三三
電話〇三―三八一三―九一五一〈代表〉
振替口座〇〇一〇〇―五―二四四
http://www.yoshikawa-k.co.jp/
印刷＝株式会社 平文社
製本＝ナショナル製本協同組合
装幀＝清水良洋・宮崎萌美

ISBN978-4-642-05900-8

歴史文化ライブラリー

1996.10

刊行のことば

現今の日本および国際社会は、さまざまな面で大変動の時代を迎えておりますが、近づきつつある二十一世紀は人類史の到達点として、物質的な繁栄のみならず文化や自然・社会環境を謳歌できる平和な社会でなければなりません。しかしながら高度成長・技術革新にともなう急激な変貌は「自己本位な刹那主義」の風潮を生みだし、先人が築いてきた歴史や文化に学ぶ余裕もなく、いまだ明るい人類の将来が展望できていないようにも見えます。このような状況を踏まえ、よりよい二十一世紀社会を築くために、人類誕生から現在に至る「人類の遺産・教訓」としてのあらゆる分野の歴史と文化を「歴史文化ライブラリー」として刊行することといたしました。

小社は、安政四年(一八五七)の創業以来、一貫して歴史学を中心とした専門出版社として書籍を刊行しつづけてまいりました。その経験を生かし、学問成果にもとづいた本叢書を刊行し社会的要請に応えて行きたいと考えております。

現代は、マスメディアが発達した高度情報化社会といわれますが、私どもはあくまでも活字を主体とした出版こそ、ものの本質を考える基礎と信じ、本叢書をとおして社会に訴えてまいりたいと思います。これから生まれでる一冊一冊が、それぞれの読者を知的冒険の旅へと誘い、希望に満ちた人類の未来を構築する糧となれば幸いです。

吉川弘文館